信息技术实践教程

主　编　何　源　李　聪　黄湘萍
副主编　李　晴　池其军　陈小健
姜海锋　杨家梁

合肥工业大学出版社
HEFEI UNIVERSITY OF TECHNOLOGY PRESS

图书在版编目（CIP）数据

信息技术实践教程 / 何源，李聪，黄湘萍主编.—合肥 ：合肥工业大学出版社，2023.5
ISBN 978-7-5650-6315-2

Ⅰ.①信… Ⅱ.①何… ②李… ③黄… Ⅲ.①电子计算机—高等职业教育—教材
Ⅳ.①TP3

中国国家版本馆CIP数据核字(2023)第060574号

信息技术实践教程
XINXI JISHU SHIJIAN JIAOCHENG
何 源 李 聪 黄湘萍 主编

责任编辑 张 慧
出版发行 合肥工业大学出版社
地 址 （230009）合肥市屯溪路193号
网 址 www.hfutpress.com.cn
电 话 人文社科出版中心：0551-62903205
营销与储运管理中心：0551-62903198
规 格 787毫米×1092毫米 1/16
印 张 10
字 数 249千字
版 次 2023年5月第1版
印 次 2023年5月第1次印刷
印 刷 廊坊市广阳区九洲印刷厂
书 号 978-7-5650-6315-2
定 价 39.80元

前言 FOREWORD

党的二十大报告指出："教育、科技、人才是全面建设社会主义现代化国家的基础性、战略性支撑。必须坚持科技是第一生产力、人才是第一资源、创新是第一动力，深入实施科教兴国战略、人才强国战略、创新驱动发展战略，开辟发展新领域新赛道，不断塑造发展新动能新优势。"计算机技术是当今世界发展最为迅速的新兴学科，掌握计算机基础知识，熟悉计算机应用技能，是21世纪人才必须具备的基本素质。Microsoft Office办公软件的Word具有强大的文字处理能力，Excel具有丰富的电子表格制作及数据分析处理能力，PowerPoint具有方便的演示文稿制作和演示功能，它们已被广泛应用于行政、财务、教育、金融等众多领域。因此，掌握计算机基础知识，熟练使用计算机技术进行信息处理是当代学生必备的素质和能力。

计算机基础课程有自身的特点，有着极强的实践性，学习时很重要的一点就是要通过上机实践加深对基本操作和基本技能的理解和掌握。本书与课堂教学内容相对应，是对主教材的有益补充，能帮助学生掌握各种软件的基本功能及操作方法，以提高应用能力，同时也响应了党的二十大提出的科教兴国战略要求。

本书的一大特色是每个实验都有相应的案例，学生可以结合实验案例，通过上机操作自主完成实验任务。另一个特色是内容循序渐进、由浅入深、难度适中。本书充分考虑了教学安排与学生的接受能力，基础薄弱的学生可通过基础操作及案例学习，有一定基础的学生可通过高级应用技术的案例及实验任务学习。

由于编者水平有限，书中难免存在疏漏和不足之处，欢迎读者对本书提出批评意见和建议。

编　者

目录 CONTENTS

第 1 章

计算机基础实验

本章主要介绍计算机系统设置、使用Windows 10 操作系统、启用和设置Cortana小娜语音助手等知识，内容丰富，生动有趣，实用性很强，既可培养学生学习兴趣，又可帮助学生进一步学会运用信息技术知识去解决实际生活中的问题，提高学生综合运用知识的能力，以及在知识探索中发现问题、分析问题、解决问题的能力，从而成为对国家有用的人才。

实验 1-1 计算机系统设置

一、实验目的

（1）熟悉微型计算机系统的基本硬件组成结构。

（2）掌握最基本的计算机的外部线路连接方法。

（3）掌握显示器和主机箱的基本操作。

（4）了解普通计算机的组装过程。

（5）熟悉计算机的开机、关机方法。

（6）了解BIOS中的常用设置方法及过程。

二、实验示例

计算机的硬件是计算机赖以工作的实体，是指计算机中看得见、摸得着的一些实体设备，从计算机外观上看，主要由主机、显示器、鼠标和键盘等部分组成。其中主机背面有许多插孔和接口，用于接通电源，连接键盘、鼠标、打印机、扬声器等外部设备，而主机箱内包括CPU、主板、内存、硬盘、各种数据线等硬件。

在使用计算机的过程中，需要注意以下事项。

（1）对计算机各个硬件要轻拿轻放，不要碰撞。安装主板要稳固，防止主板变形及对主板上的电子线路造成永久性损伤，在安装过程中一定要采用正确的安装方法。

（2）防止液体进入计算机内部，特别是计算机内部的板卡上。

（3）防止人体所带静电对电子器件造成损伤。在组装硬件前，要先消除身上的静电；在拆装过程中，由于不断的摩擦也会产生静电，所以隔一段时间要释放身上的静电，比如，摸一摸自来水管或洗手等。

（4）正确的开关机方法可以延长计算机的使用寿命。在使用过程中，如果出现死机等意外情况，计算机的启动方法有三种：一是冷启动，即开机启动，依次打开外设与主机开关，然后进入Windows的登录框；二是热启动，按“Ctrl+Alt+Del”组合键，在开机状态使计算机重新进入系统；三是复位启动，按主机箱上的复位键（Reset），重启系统进入Windows环境。计算机关机的方法是在Windows环境下，单击“开始”→“关机”按钮。

例 1-1 了解计算机主要组成部件。

（1）在关机状态下，了解台式计算机的主要硬件组成部件。必备部件有显示器、键盘、鼠标、机箱、电源、硬盘、主板、CPU、CPU散热风扇（或散热器）、内存条、显卡（独立显卡或集成显卡）、机箱风扇、网卡；选配部件有光驱、音响等。

（2）观察所用显示器的尺寸大小、屏幕电源开关控制屏幕属性（亮度、对比度、色彩、水平相位、垂直相位、宽度、消磁、大小等）按钮的位置。

（3）认识主机箱前面板上的主机开关、复位键开关、光盘驱动器、电源指示灯，以及计算机的所有外围设备与主机箱连接的各种接口，如电源线接口、串行口（显示器接口）、PS/2 键盘口、PS/2 鼠标口、USB接口、并行接口、VGA接口、RJ-45 接口（网线接口）、音频接口、HDMI接口等，如图 1-1 所示。

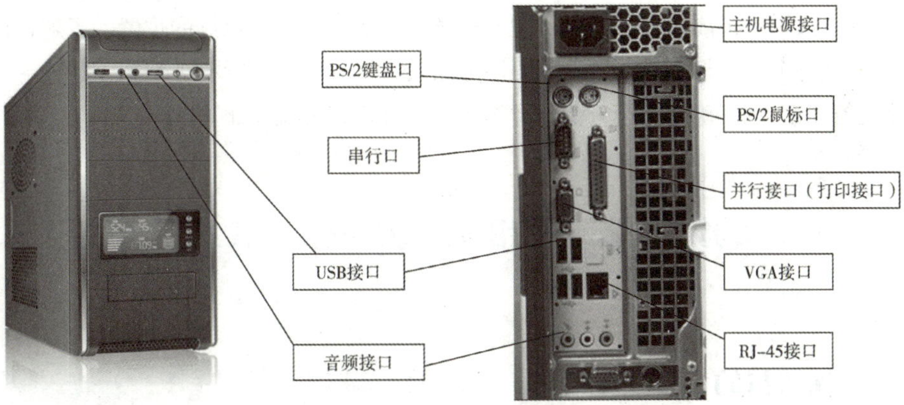

图 1-1　主机箱外观

例 1-2 外部线路的连接。

（1）电源的连接。将主机箱与外部电源插座相连接。

（2）显示器的连接。将显示器信号电缆与主机显示接口相连接。

（3）键盘、鼠标的连接。键盘和鼠标的安装很简单，只需将其插头对准缺口方向插入主板上的键盘及鼠标插口即可。键盘或鼠标的串口接法有两种：一是将一个五针的圆形插头插入对应的插孔中，连接键盘接口时要注意其方向，即插头上的小舌头一定要对准插孔中的方形孔；二是或使用USB接口连接。

（4）打印机的连接。将打印机与主机并行接口相连接。

（5）其他各种外设接口。

例 1-3 计算机的启动与关闭。

（1）使用下面步骤启动计算机。

①查看显示器、鼠标、键盘、扬声器等外围设备是否正确连接。

②确保主机与显示器的总电源已打开（插线板的开关已打开）。

③打开显示器、鼠标、键盘、扬声器等外围设备的电源。

④按主机的“电源”按钮，打开主机，启动计算机系统。

（2）使用下面的步骤关闭计算机。

①结束操作系统中的所有任务，即关闭所有程序及对话框。

②单击“开始”按钮，在打开的开始菜单中选择“关机”选项，退出操作系统的运行，关闭主机。

③待计算机系统完全退出后，关闭显示器、鼠标、键盘、传声器等外围设备的电源。

④关闭总电源。

注意 如果计算机在使用过程中，出现死机等意外情况，首先要考虑的是进行热启动（按“Ctrl+Alt+Del”组合键），如果无效再进行复位启动（按“Reset”键），或长按“Power”键强制关机，但使用后两种方法时未保存的文件会丢失。

三、实验任务

【任务一】认识显示器面板。在显示器正常工作时，通过面板上的按钮调节亮度、色度、对比度等。认识主机前面板、背面。观察电源指示灯及硬盘指示灯的位置，了解常用的接口及功能，注意每个接口都有方向性，不要用力插入。

【任务二】用正确的操作方法对计算机进行开机、关机操作。

实验 1-2　使用Windows 10操作系统

一、实验目的

（1）掌握Windows 10的启动与退出方法。

（2）掌握鼠标、键盘的使用方法。

（3）了解Windows 10的桌面内容及相关操作方法。

二、实验示例

例 1-4 Windows 10的启动和退出。

（1）Windows 10的启动。开启计算机电源，进入Windows 10界面，在“登录到Windows”对话框中，输入用户名和密码，单击“确定”按钮或按“Enter”键。

（2）Windows 10的退出。关闭所有程序，单击“开始”→“关机”按钮，退出Windows 10系统。

例 1-5 鼠标的基本操作。

（1）单击。按下鼠标左键，立即释放。单击用于选定对象。

（2）右击。按下鼠标右键，立即释放。单击鼠标右键后，弹出所选对象的快捷菜单。快捷菜单是命令最方便的表示形式，几乎所有的菜单命令都有对应的快捷菜单命令。

（3）双击。快速进行两次单击（连击左键两次）。双击用于运行某个应用程序或打开某个文件夹窗口及文档。

（4）指向。在未按下鼠标键的情况下，移动鼠标指针到某一对象上。该操作的用途是打开子菜单或突出显示一些说明性的文字。

（5）拖动。按住鼠标左键的同时移动鼠标指针。拖动前，先把鼠标指针指向要拖动的对象，然后拖动到目的地后释放鼠标左键。拖动的主要作用是复制或移动文件（文件夹）。

例 1-6 键盘的基本操作及快捷键的使用。

熟悉键盘的五个小区，如图 1-2 所示，上面部分是功能键区和状态指示区，下面部分是主键盘区、控制键区和数字键区。其中，部分按键上有两个符号，上面的字符称为上档字符，下面的字符称为下档字符。

图 1-2　键盘示意图

在进行键盘操作时，要保证自己的正确姿势与击键方法，养成良好习惯。

在录入文字过程中，使用计算机快捷键及组合键，可以有效提高录入速度。最常见的快捷键及组合键如图 1-3 所示。练习熟练使用这些快捷键。

F5：刷新	Delete：删除	Tab：改变焦点
Ctrl+C：复制	Ctrl+X：剪切	Ctrl+V：粘贴
Ctrl+A：全选	Ctrl+Z：撤销	Ctrl+S：保存
Alt+F4：关闭	Ctrl+Y：恢复	Alt+Tab：切换
Ctrl+F5：强制刷新	Ctrl+W：关闭	Ctrl+F：查找
Shift+Delete：永久删除	Ctrl+Alt+Del：任务管理	Shift+Tab：反向切换
Ctrl+空格：中英文输入切换	Ctrl+Shift：输入法切换	Ctrl+Esc：“开始”菜单
Ctrl+Alt+Z：QQ快速提取消息	Ctrl+Alt+A：QQ截图工具	Ctrl+Enter：QQ发消息
Win+D：显示桌面	Win+R：打开“运行”对话框	Win+L：屏幕锁定
Win+E：打开“计算机”窗口	Win+F：搜索文件或文件夹	Win+Tab：项目切换
cmd：CMD命令提示符		

图 1-3　最常见的快捷键及组合键

例 1-7　熟悉桌面的组成部分。

（1）熟悉 Windows 桌面的组成部分，主要有桌面图标、“开始”按钮、桌面背景和任务栏等，如图 1-4 所示。

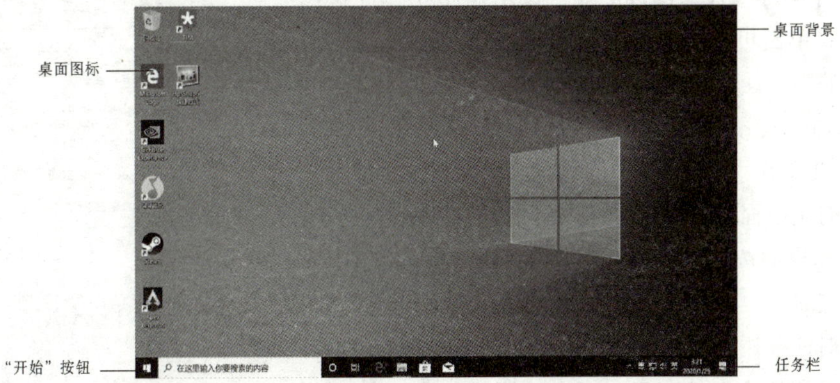

图 1-4　Windows 10 系统桌面

（2）对图标进行单击、双击、右击操作。图标实际上是一种快捷方式，用于快速地打开相应的项目及程序。在 Windows 10 中，除“回收站”图标外，其他的桌面图标都可以删除。用户也可以根据自己的习惯创建快捷方式放置于桌面。

例 1-8 任务栏及其基本设置。

任务栏是位于桌面底部的条状区域，Windows 10 中的任务栏由“开始”按钮、快速启动区、程序按钮区、语言栏、系统提示区、通知区域和“显示桌面”按钮等几部分组成，如图 1-5 所示。

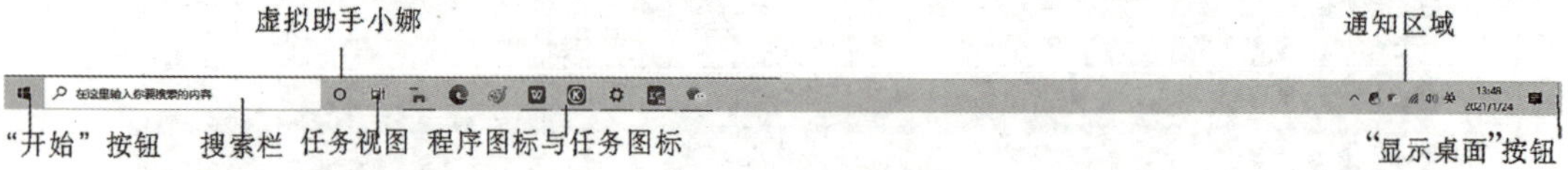

图 1-5 任务栏

（1）熟悉任务栏的组成。

① “开始”按钮。单击“开始”按钮，可以打开“开始”菜单，如图 1-6 所示，这里可以实现 Windows 10 系统的所有功能。

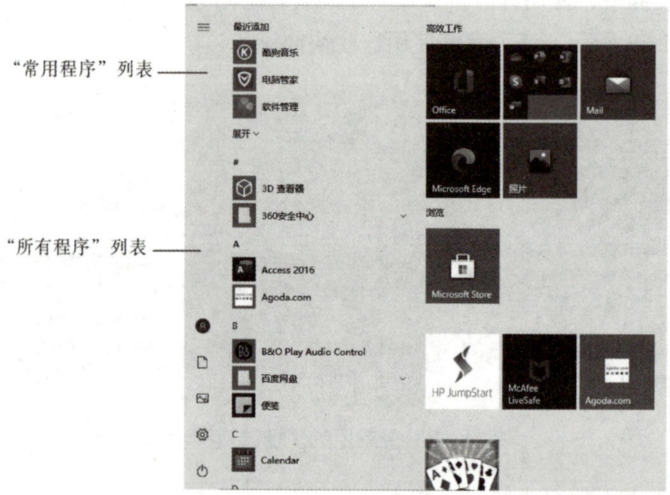

图 1-6 “开始”菜单

② 任务视图。将当前运行的所有任务窗口以缩图方式排列在屏幕上，方便切换窗口。

③ 程序图标与任务图标。显示锁定在任务栏的多个程序图标，单击可以快速打开该程序。任务图标，显示正在运行的用户任务图标。

④ 通知区域。任务栏最右边的通知区域显示的有“音量控制”“语言指示器”“网络连接状态”和“系统时钟”等常驻内存的应用程序图标。

⑤ 显示桌面按钮。单击该按钮可将所有窗口最小化，直接显示桌面。

（2）对任务栏进行属性设置。

在任务栏的空白处右击，弹出的快捷菜单如图 1-7 所示，通过选择菜单中的选项，可以对任务栏和运行程序窗口进行相应功能的操作。

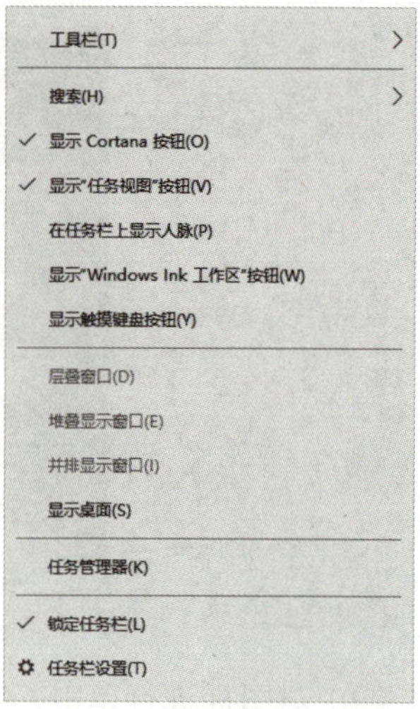

图 1-7 任务栏的右键快捷菜单

在图 1-7 所示的快捷菜单中选择“任务栏设置”选项，弹出如图 1-8 所示的任务栏设置窗口，可以对任务栏进行个性化设置。在“开始”菜单中依次单击选择“设置”→“个性化”→“任务栏”选项，也可打开该窗口。在该窗口中试着体验任务栏各属性的作用。

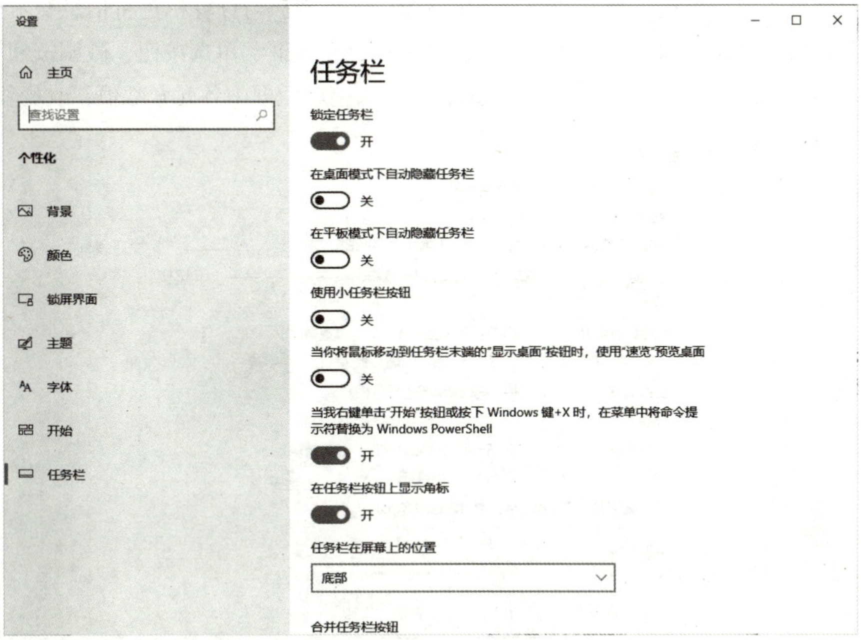

图 1-8　任务栏设置窗口

例 1-9　熟悉窗口、对话框的操作。

（1）窗口。窗口一般包括标题栏、窗口按钮、路径栏、搜索栏、功能区、工作区、导航栏和状态栏等，如图 1-9 所示。

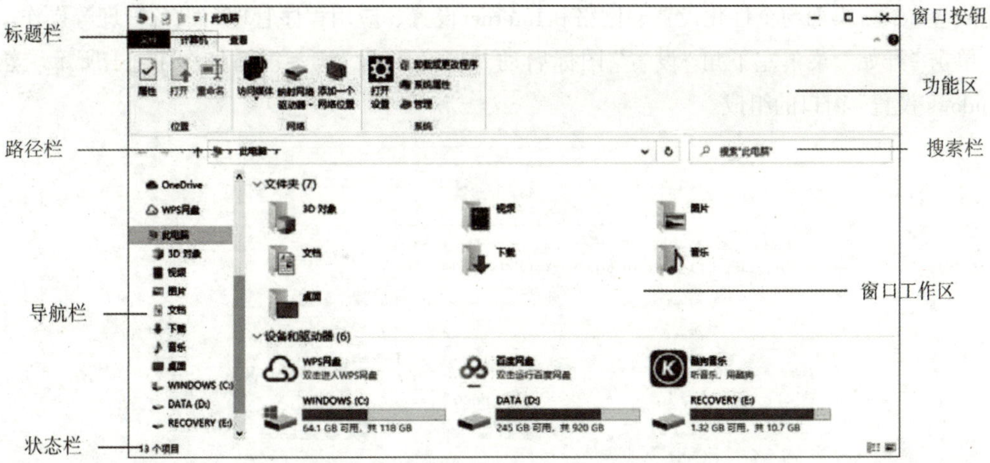

图 1-9　窗口

① 对窗口进行打开、最大化、还原、最小化、关闭等操作。

② 用鼠标来移动窗口、调整窗口的大小。

③ 以不同的方式对多个窗口进行排列。右击任务栏，从弹出的快捷菜单中选择“层叠窗口”“堆叠显示窗口”“并排显示口”等选项，可改变窗口的排列方式。

④ 单击非活动窗口区域激活该窗口为活动窗口。使用“Alt+Tab”组合键快速更改活动窗口。

（2）对话框。对话框是一种特殊的Windows窗口，是用户与计算机进行信息交流的基本手段。对话框中通常包含标题栏、选项卡、下拉列表框、复选框、单选按钮、微调按钮、命令按钮等，如图1-10所示。试着打开一个对话框，通过调整对话框中各元素数值，改变相应属性。

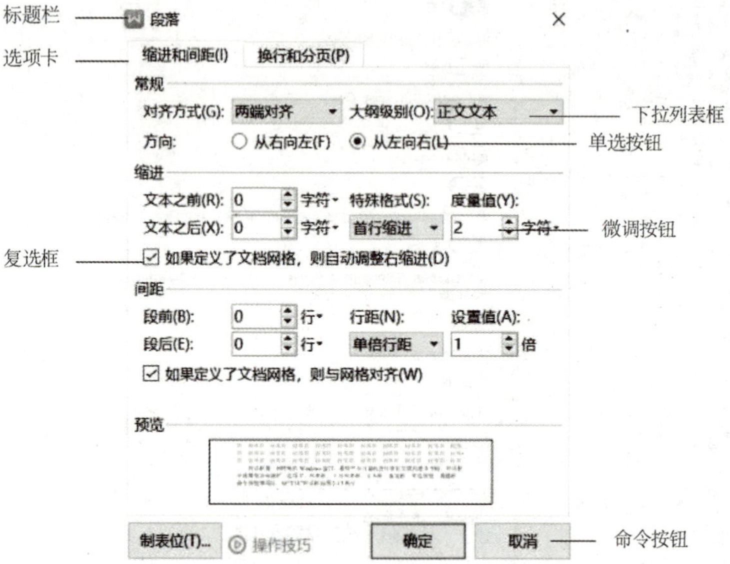

图1-10 对话框

例1-10 熟悉“Windows设置”与控制面板。

Windows 10引入了新的系统设置窗口，称为“Windows设置”。在“Windows设置”窗口可以完成Windows桌面与个性化设置、网络和Internet设置、应用程序管理、设备管理等操作。

单击“开始”菜单左下角“设置”图标启动“Windows设置”，窗口如图1-11所示。熟悉“Windows设置”窗口的组成。

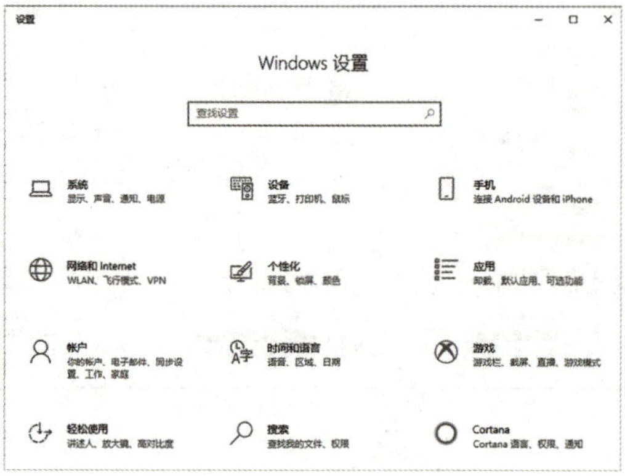

图1-11 “Windows设置”窗口

在Windows 10中，之前版本的控制面板中的各种设置功能逐渐被转移到“Windows设置”窗口中，但是由于“Windows设置”窗口尚不能完成所有设置，因此目前仍保留控制面板。

单击“开始”→“Windows系统”→“控制面板”按钮，即可启动“控制面板”窗口，如图1-12所示。

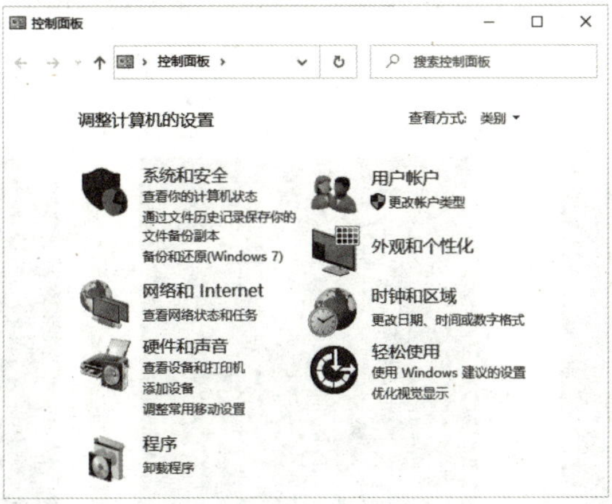

图 1-12 “控制面板”窗口

请熟悉“控制面板”窗口的组成，并思考其与“Windows 设置”窗口的联系。

三、实验任务

【任务一】 用正确的方式开机、关机，掌握鼠标的使用方法，熟悉键盘，进行指法训练。

【任务二】 启动画图、写字板、记事本等应用程序，创建Word 2016的快捷方式。

【任务三】 在任务栏中进行如下的操作：向任务栏中添加工具、向任务栏中添加Word 2016快速启动图标、调整任务栏高度、改变任务栏位置并设置任务栏属性。

【任务四】 打开Word 2016中的对话框，练习对话框的移动、关闭等操作。

实验 1-3 启用和设置Cortana小娜语音助手

一、实验目的

（1）学会在Cortana搜索栏里以语音的方式进行搜索。

（2）通过设置，让Cortana响应“你好小娜”。

（3）用语音的方式启动Windows任务管理器，设置提醒。

二、实验示例

例 1-11 启用和设置Cortana小娜语音助手。

（1）启动Cortana。单击任务栏上“开始”图标右侧的Cortana图标，启动Cortana主页，如图1-13所示。

（2）设置Cortana。单击主页左侧的“设置”按钮，启动Cortana设置，如图1-14所示。

开启“你好小娜”开关，启用后出现“响应任何人说‘你好小娜’”与“尝试只响应我”选项，如图 1－15 所示。若选择“尝试只响应我”选项，则需要先打开“学习我说‘你好小娜’的方式”，用Windows账户登录，然后进入Cortana声音熟悉界面，根据程序提示，对着麦克风说 6 段话，让Cortana识别并熟悉你的声音，这样小娜就只对你的语音指令做出响应，不会响应其他人的语音指令。

图 1－13　启用Cortana主页

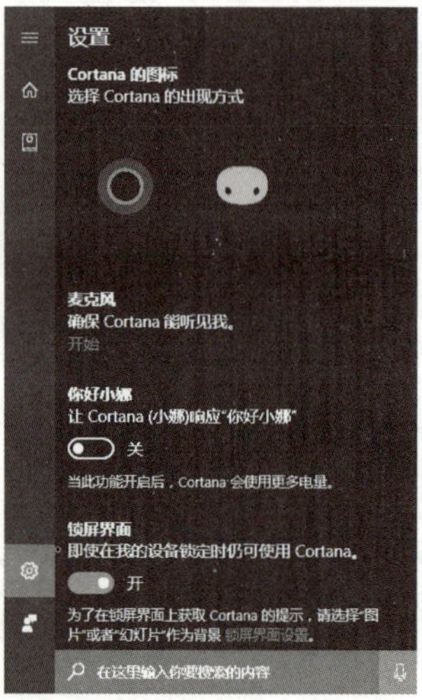

图 1－14　Cortana设置面板

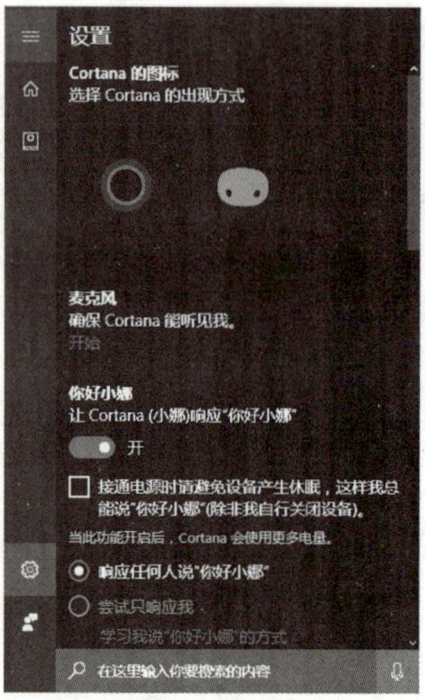

图 1－15　启用“你好小娜”后的界面

（3）测试计算机麦克风是否正常工作。单击图 1－14 所示面板上“麦克风”下的“开始”按钮，启用“设置麦克风”向导，根据向导提示，对麦克风说提示语言，确保麦克风工作正常。

（4）使用Cortana语音功能启动Windows任务管理器。单击Cortana“主页”按钮，返回Cortana主页，单击搜索栏右侧的麦克风图标，出现语音识别模式界面，如图 1－16 所示。此时，对着麦克风说“任务管理器”，若小娜能正确识别，如图 1－17 所示，即可启动Windows任务管理器。

（5）设置听报告的提醒。在Cortana主页，单击搜索栏右侧的麦克风图标，说“提醒我今天下午三点听报告”，Cortana识别为提醒，并出现提醒确认的页面，如图 1－18 所示。再说“是”，Cortana即确认将其设置为提醒，并出现在主页上，如图 1－19 所示。单击主页左侧的“笔记本”按钮，在打开的列表中选择“提醒”选项，即可查看本机的提醒列表，如图 1－20 所示。

图 1-16　Cortana语音识别模式界面

图 1-17　Cortana识别出任务管理器

图 1-18　Cortana设置提醒页面

图 1-19　Cortana主页上的提示

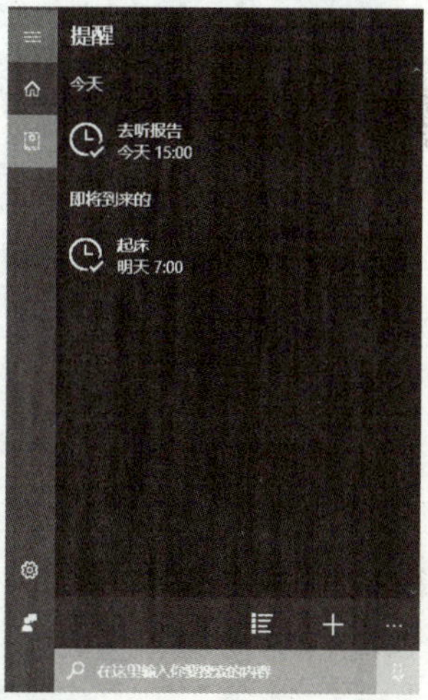

图 1-20　Cortana的提醒列表

三、实验任务

【任务】 Cortana小娜的使用。

（1）通过语音启动Cortana小娜。

（2）通过语音启动“笔记本”程序。

（3）通过语音设置当天下午两点的会议提醒。

第 2 章

Windows 10 操作系统实验

本章通过学习 Windows 10 的基本操作、文件和文件夹的管理及小工具的应用，让学生掌握计算机基本工具的使用，培养学生自主探究与协作学习的能力，为培养高素质人才打下基础。

实验 2-1 Windows 10 的基本操作

一、实验目的

（1）学习桌面、任务栏的设置。

（2）掌握任务栏、窗口的设置。

（3）掌握 Windows 10 外观与个性化设置。

（4）了解任务管理器的使用。

（5）学会使用控制面板调整和配置计算机的各种系统属性。

二、实验示例

例 2-1 桌面图标的设置。

Windows 10 用一个个小图形的形式即图标来代表 Windows 中不同的程序、文件或文件夹、设备，也可以表示磁盘驱动器、打印机及网络中的计算机等。图标由图形符号和名字两部分组成。Windows 10 桌面上包含很多的桌面图标，图标可以按照用户指定的名称、大小等方式进行排序，可以设置图标的显示及隐藏。

桌面图标设置具体的操作步骤如下。

（1）设置桌面图标以名称进行排序。在桌面空白区域右击，弹出桌面快捷菜单，选择“排序方式”选项，在弹出的下一级菜单中选择“名称”选项即可，如图 2-1 所示。

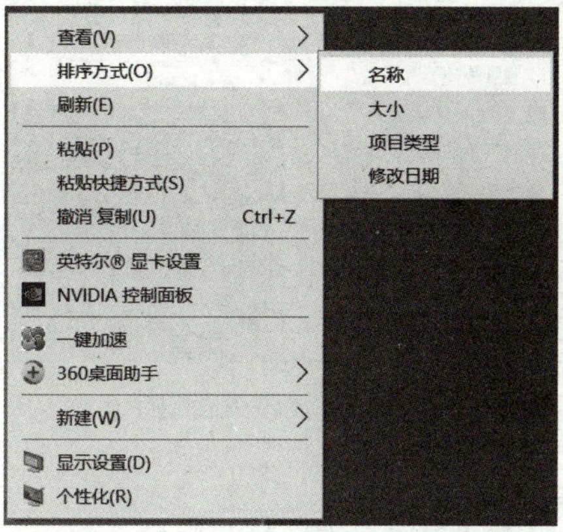

图 2-1 设置图标的排序方式

> **注意** 在桌面快捷菜单中选择“查看”选项，在下一级菜单中若勾选了“自动排列图标”选项，系统会自动排列桌面图标，此时桌面图标将不能在桌面的任意位置移动。

（2）设置“计算机”图标的显示与隐藏。在桌面快捷菜单中选择“个性化”选项，打开“设置”窗口，在窗口的左侧选择“主题”选项，然后选择“桌面图标设置”选项，打开“桌面图标设置”对话框，如图 2-2 所示。在“桌面图标设置”对话框中单击选中要显示的图标，如“计算机”，单击“确定”按钮，则“计算机”图标显示在桌面上。若取消勾选“计算机”复选框，可以隐藏“计算机”图标。

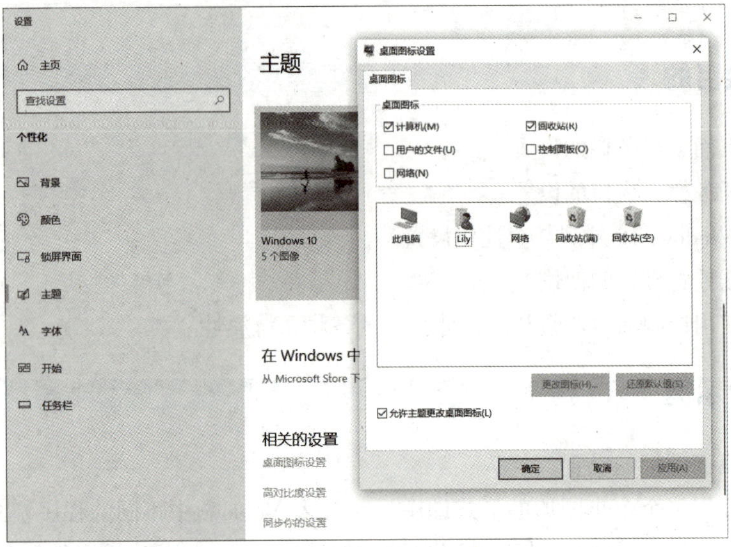

图 2-2　设置桌面图标的显示

（3）设置隐藏所有桌面图标。在桌面快捷菜单中选择“查看”选项，在弹出的下一级菜单中取消“显示桌面图标”选项前的勾选，即可隐藏所有图标，如图 2-3 所示。

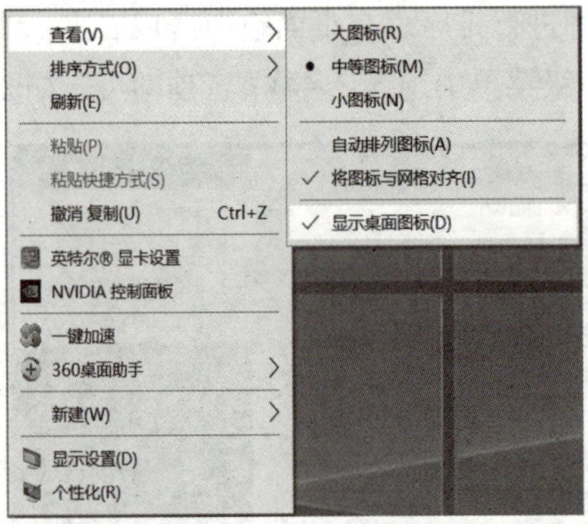

图 2-3　隐藏桌面图标

例 2-2　任务栏的设置。

（1）设置任务栏中的快速启动程序。拖动某程序的桌面图标到任务栏的快速启动区中，即可将该程序设置为任务栏的快速启动程序。或在任务栏右击某个已打开的程序图标，在弹出的快捷菜单中选择“固定到任务栏”选项即可，如图 2-4 所示。

图 2-4　设置任务栏的快速启动程序

（2）改变任务栏的大小。具体操作步骤如下。

① 在任务栏空白处右击弹出快捷菜单，取消选中“锁定任务栏”选项，如图 2-5 所示。

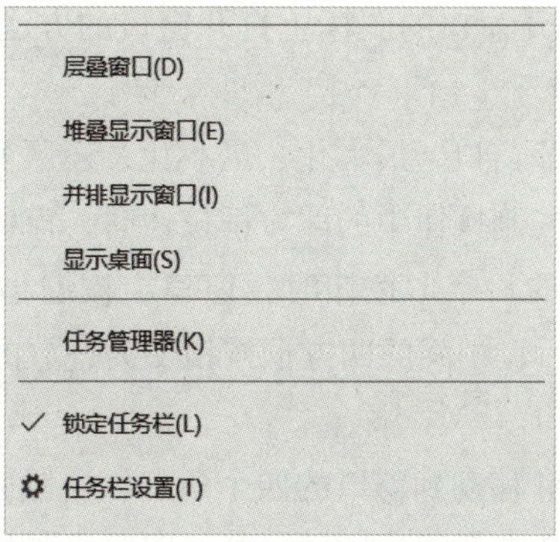

图 2-5 任务栏快捷菜单

② 将鼠标指针移动到任务栏上边界处，当鼠标指针变成双向箭头时，按下鼠标左键拖动即可改变任务栏的大小。

（3）改变任务栏的位置。用户可以设置将任务栏放置于桌面的“顶部”“底部”“左侧”“右侧”。具体操作步骤如下。

① 在任务栏空白处右击弹出快捷菜单，取消选中“锁定任务栏”选项，如图 2-5 所示。

② 将鼠标指针移动到任务栏空白处，按下鼠标左键不放将其拖动到桌面需要的位置即可。

（4）设置任务栏的属性。具体操作步骤如下。

① 右击“开始”按钮或任务栏空白处，在弹出的快捷菜单中选择“任务栏设置”选项，打开“个性化”设置窗口，右侧显示的是任务栏的设置界面，如图 2-6 所示。

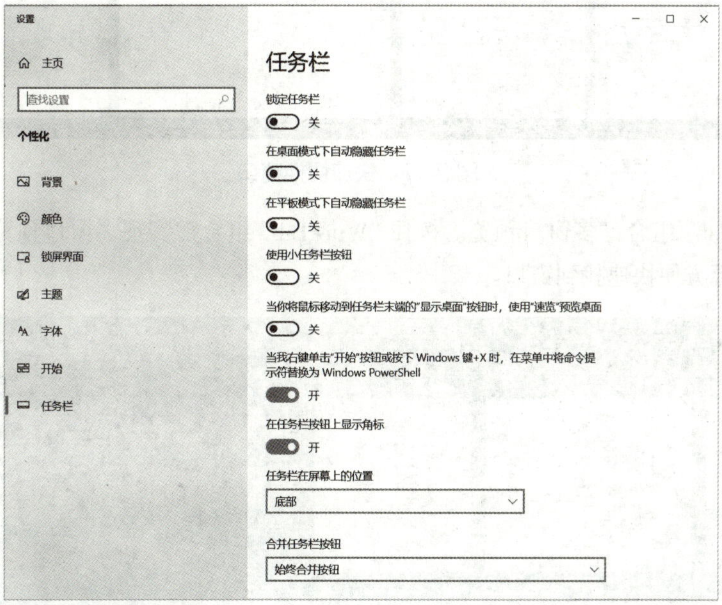

图 2-6 任务栏设置

② 在窗口右边的界面中可以对任务栏的各属性进行设置，如锁定、隐藏任务栏等。

例 2-3 窗口的基本操作。

窗口的基本操作包括打开窗口，最大化、最小化及还原窗口，缩放窗口，移动窗口，切换窗口，排列窗口和关闭窗口等。

（1）打开窗口。双击要打开窗口的图标（打开窗口的方法有许多，这里主要介绍基本方法），即可打开窗口。

（2）最大化、最小化及还原窗口。最大化、最小化及还原窗口按钮集中在窗口右上角的控制按钮区，其中，当单击窗口控制按钮中的四方框按钮时，窗口就会占据整个屏幕，即最大化窗口；当单击窗口控制按钮中的一字形按钮时，窗口会被缩小到任务栏中的窗口显示区，即最小化窗口；当窗口被最大化后，中间的四方框按钮变为叠放的两个四方框按钮，单击后窗口会恢复为原来大小，即还原窗口。

（3）缩放窗口。将鼠标指针移动到窗口的四个角上，当鼠标指针变成双向箭头后，按下鼠标左键进行移动，调整到满意状态后释放鼠标，窗口即变成调整时的大小。

（4）移动窗口。将鼠标指针移动到窗口标题栏，然后按下鼠标左键不放移动鼠标，当移动到合适的位置时释放鼠标，那么窗口就会出现在这个位置（窗口最大化状态不可移动）。

（5）切换窗口。

① 通过任务栏按钮预览。将鼠标指针移动到任务栏的窗口按钮上，系统会显示该按钮对应窗口的缩略图。

② "Alt+ Tab" 组合键快速切换窗口。按住 "Alt+ Tab" 组合键时，会出现一个消息框，显示所有打开的窗口，如图 2-7 所示。然后按住 "Alt" 键不放，每按一次 "Tab" 键，就会依次选中一个窗口，松开 "Alt" 键即可调出想要显示的窗口。

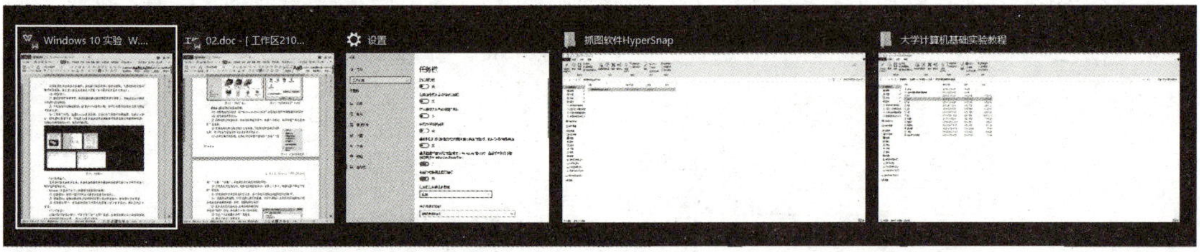

图 2-7　快速切换窗口

③ "Win+Tab" 组合键多窗口预览。按住 "Win+Tab" 组合键实现多窗口预览，如图 2-8 所示，然后用鼠标方便快速找到窗口。

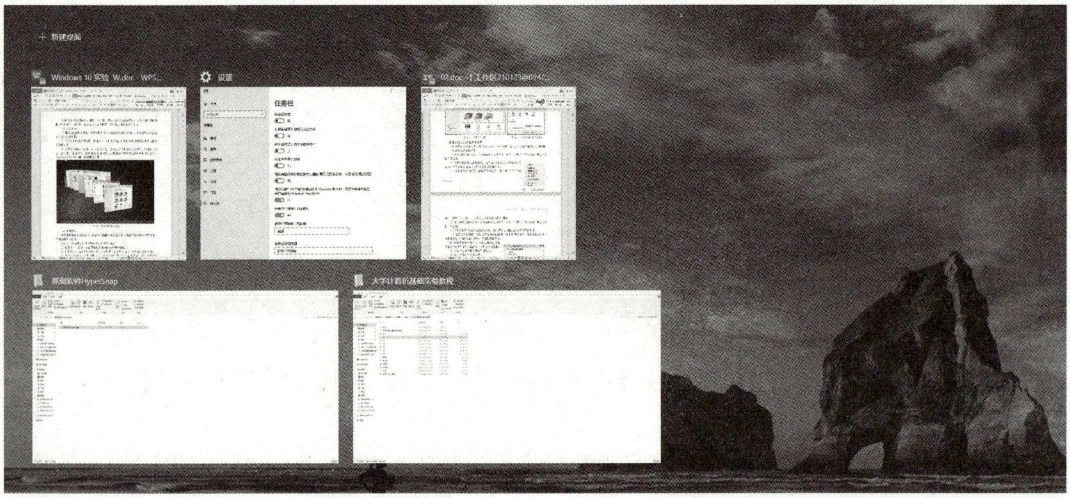

图 2-8　多窗口预览

（6）排列窗口。在任务栏的非按钮区右击，在弹出的快捷菜单中选择相应的排列窗口选项，即可将窗口排列为所需的样式。

Windows 10 提供了 3 种排列方式供用户选择。① 层叠窗口。把窗口按打开的先后顺序依次排列在桌面上。② 堆叠窗口。以横向的方式同时在屏幕上显示所有窗口，所有窗口互不重叠。③ 并排显示窗口。以垂直的方式同时在屏幕上显示所有窗口，窗口之间互不重叠。

（7）关闭窗口。若是关闭当前显示窗口，可单击窗口的“关闭”按钮，或双击窗口左上角的控制图标，或使用“Alt+F4”“Ctrl+W”组合键等。

例 2-4 Windows 10 外观与个性化设置。

（1）设置主题。

① 在桌面空白处右击，在弹出的快捷菜单中选择“个性化”选项，打开“设置”窗口。

② 在窗口的左侧选择“主题”选项，然后在窗口右侧选择需要设置的主题，系统即可对该主题对应的桌面背景、操作窗口、系统按钮、活动窗口和自定义颜色、字体等进行设置。

（2）设置桌面背景。在“个性化”窗口中，选择左侧“背景”选项，进入桌面“背景”设置窗口，如图 2-9 所示。

①“背景”下拉列表包括图片、纯色、幻灯片放映 3 种选项。

② 单击“浏览”按钮可以使用其他图片作为背景。

③“选择契合度”可以设置背景图片的显示方式，如填充、拉伸、平铺、居中、适应、跨区等选项。

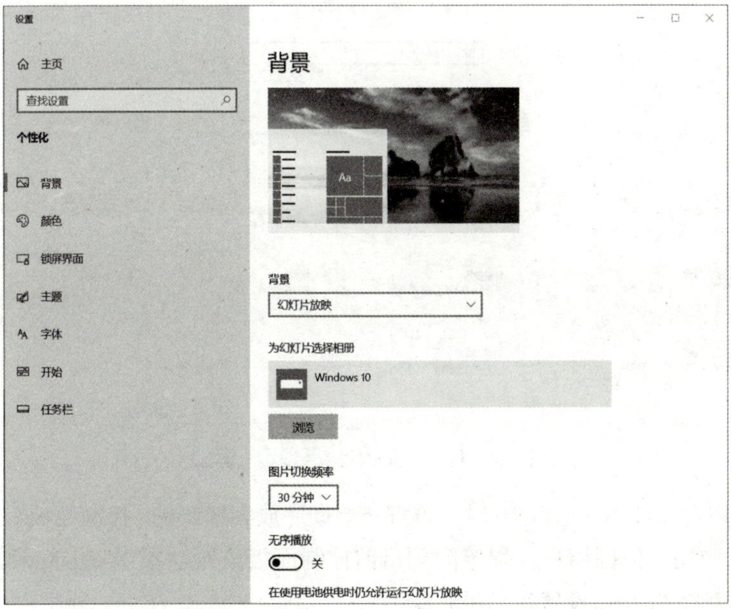

图 2-9 “背景”设置窗口

（3）设置窗口颜色。在“个性化”窗口左侧列表中选择“颜色”选项，打开如图 2-10 所示“颜色”设置窗口，进行系统的主题颜色设置。

（4）设置锁屏界面及屏幕保护程序。在“个性化”窗口左侧列表中选择“锁屏界面”选项，打开如图 2-11 所示“锁屏界面”设置窗口，这里可对锁屏界面及屏幕保护程序进行设置。

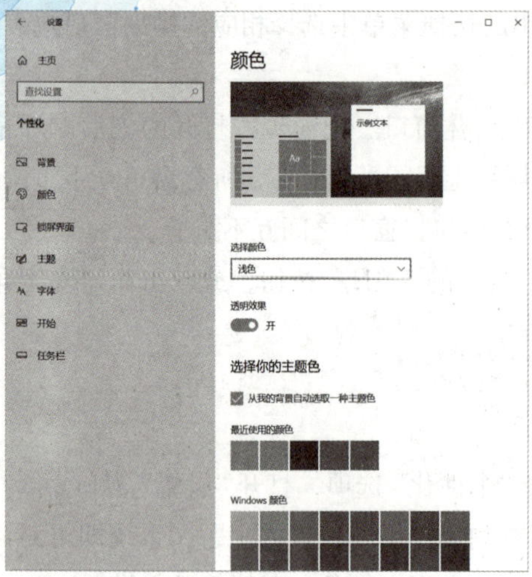

图 2-10 “颜色”设置窗口

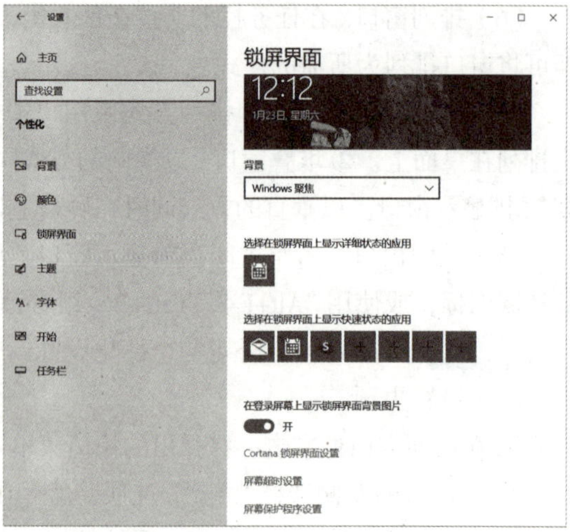

图 2-11 “锁屏界面”设置窗口

例 2-5 控制面板的使用。

Windows 10 为用户提供了两个关于系统设置的服务场所：一是“设置”（Settings），二是“控制面板”（Control Panel）。

在“开始”菜单中单击“设置”按钮即可打开如图 2-12 所示的“Windows 设置”窗口。

图 2-12 “Windows 设置”窗口

微软在 2015 年推出 Windows 10 时，曾宣布要彻底放弃经典的“控制面板”，将所有选项都迁移到“设置”应用。但因用户习惯等问题目前控制面板依然存在于 Windows 10 操作系统中，毕竟用户用它调整 Windows 设置很是得心应手。

打开“控制面板”窗口（如图 2-13）有以下几种方法。

（1）右击“此电脑”图标进入“属性”窗口，单击左栏中的“控制面板主页”选项。

（2）在“开始”菜单中依次单击“Windows 系统”→“控制面板”按钮。

（3）使用“开始”菜单中的搜索功能，输入“控制面板”进行搜索。

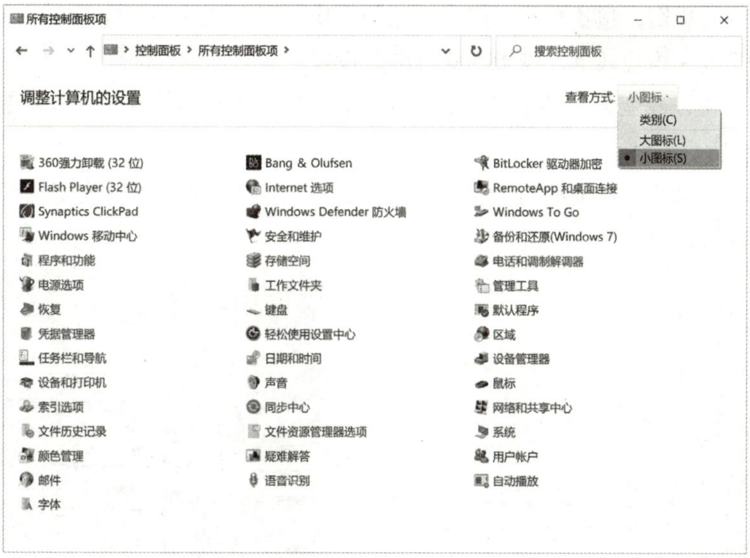

图 2-13 “控制面板”窗口

注意 单击“控制面板”窗口右上角的“查看方式”下拉按钮，选择“小图标”或其他选项，可以设置窗口图标的查看方式。

例 2-6 时间和语言设置。

单击“Windows 设置”窗口内的“日期和时间”按钮，可打开如图 2-14 所示的功能面板，可进行更改时区或按时区改变时间的操作。单击“立即同步”按钮，可以强制计算机与 Internet 标准时间服务器同步时钟。

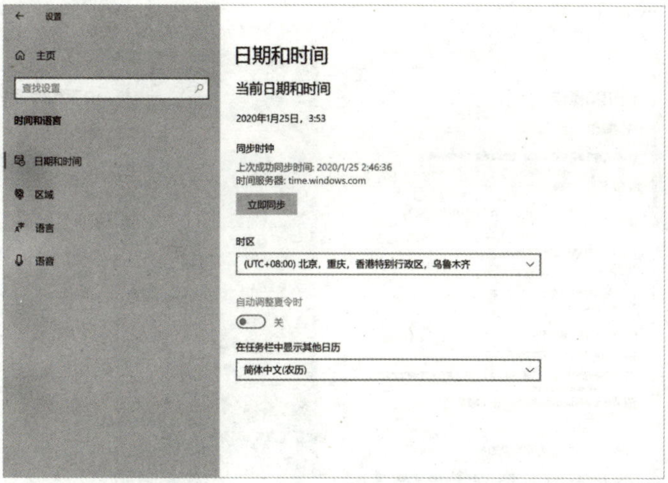

图 2-14 “日期和时间”设置窗口

安装中文版 Windows 时默认选择中文环境，如需更换其他区域环境，可在如图 2-14 所示的面板中单击“区域”“语音”等按钮，设置文字显示、语音沟通时的默认语言环境。

例 2-7 “系统”设置。

单击“Windows 设置”窗口内的“系统”按钮，可打开如图 2-15 所示的面板，从左边导航栏可知其设置内容丰富，包括显示、声音、通知和操作、专注助手、电源和睡眠、存储、多任务管理、平板模式、体验共享、投影到此电脑等设置。

（1）显示。可以改变显示器颜色设置，下方的“缩放与布局”中有文本大小及分辨率的设置，如图 2－15 所示。

（2）声音。在图 2－16 所示的“声音”设置窗口内拖动音量条可以改变总音量大小，下方还有麦克风的设置选项。

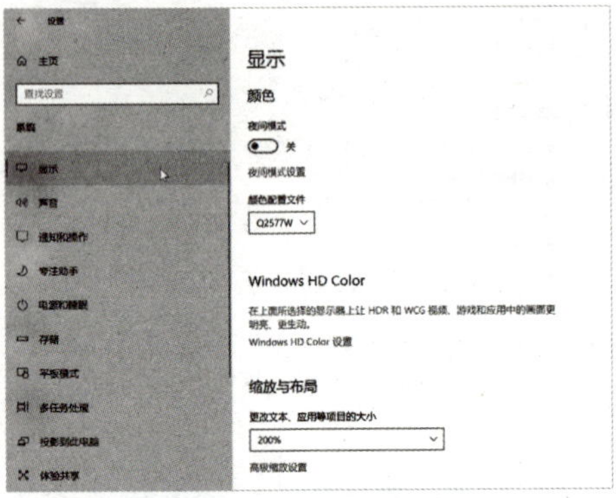

图 2－15 “显示”设置

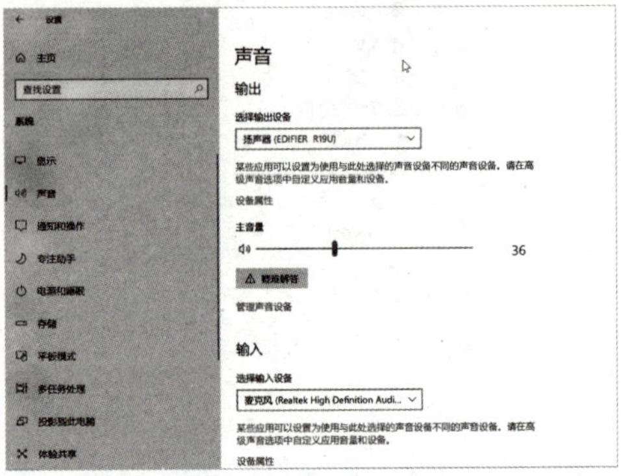

图 2－16 “声音”设置

（3）通知和操作。在使用计算机的过程中常会收到一些应用的推送通知，如果觉得影响了日常工作，可在图 2－17 所示的窗口中关闭掉这些通知。单击“获取来自应用和其他发送者的通知”该项下方的按钮使其从“开”变为“关”即可关闭（注意，设置后重要的系统通知也会被阻止，请谨慎使用）。

（4）电源和睡眠。可以设置屏幕无操作自动关闭的时间和无操作自动进入睡眠状态的时间，如图 2－18 所示。

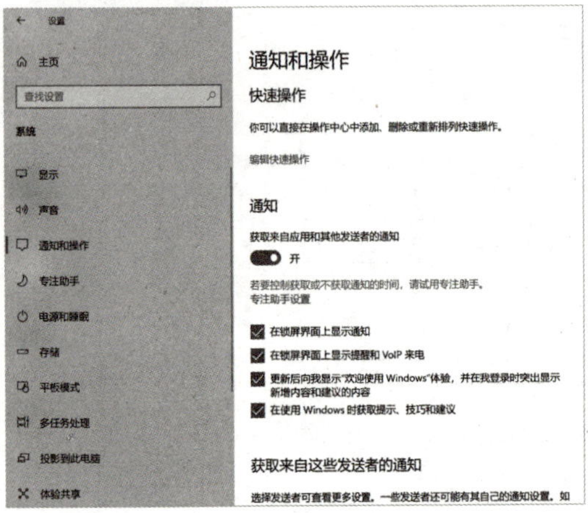

图 2－17 “通知和操作”设置

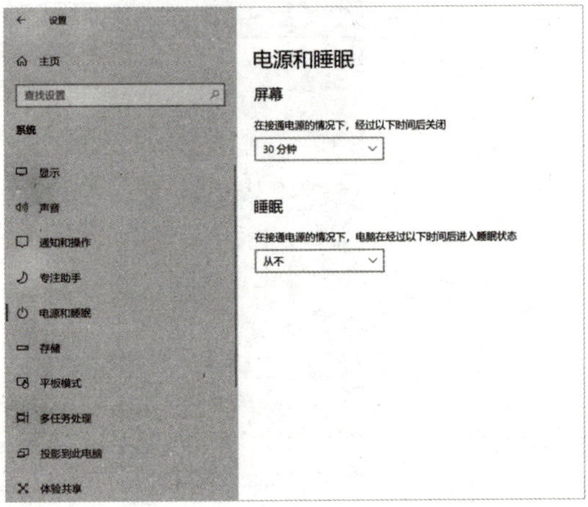

图 2－18 “电源和睡眠”设置

例 2-8 Windows 任务管理器的使用。打开浏览器、QQ 程序、写字板，并在任务管理器中结束 QQ 程序。具体操作步骤如下。

（1）在计算机中打开浏览器、QQ 程序、写字板 3 个应用程序。

（2）在“开始”按钮处右击，或在任务栏空白处右击，均可在弹出的快捷菜单中选择“任务管理器”选项，如图 2-19 所示，打开“任务管理器”窗口。有时出现程序卡死、电脑无响应等非正常情况，此时可按下“Ctrl+Alt+Del”组合键打开系统界面，选择“任务管理器”选项，打开“任务管理器”窗口。

（3）在如图 2-20 所示的“任务管理器”窗口中选定 QQ 应用程序，单击“结束任务”按钮即可。

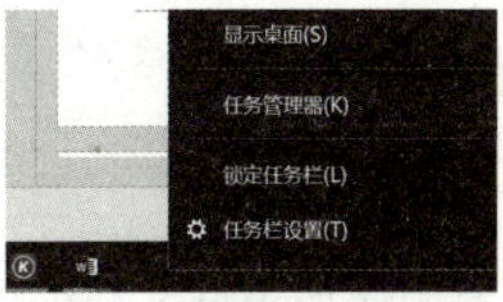

图 2-19　选择“任务管理器”

图 2-20　“任务管理器”窗口

三、实验任务

【任务一】 桌面图标相关操作。

（1）将桌面图标以小图标的形式显示。

（2）将桌面图标全部隐藏，然后再全部显示。

【任务二】 任务栏相关操作。

（1）将任务栏隐藏，然后再全部显示。

（2）改变任务栏的大小。

（3）将任务栏放置于屏幕左侧。

（4）将“计算机”图标添加到任务栏快速启动区。

【任务三】 窗口操作。

（1）启动 Word 2016 应用程序、浏览器、QQ 程序。

（2）移动、缩放、最大化、最小化、还原当前活动窗口。

（3）并排显示当前打开的所有窗口。

（4）层叠显示当前打开的所有窗口。

（5）切换当前窗口。

（6）关闭所有窗口。

【任务四】 外观与个性化设置。

（1）从网上下载一张图片作为桌面背景。

（2）更改窗口的颜色和外观。

（3）设置屏幕无操作自动关闭程序，时长 1 分钟。

实验 2-2　文件与文件夹的管理

一、实验目的

（1）掌握文件资源管理器的基本操作。

（2）掌握文件、文件夹的属性设置方法。

（3）掌握文件与文件夹的创建、选定、复制、移动、删除、重命名、搜索、创建快捷方式等操作。

二、实验示例

例 2-9 “文件资源管理器”的基本操作。

“文件资源管理器”是Windows 10 提供的资源管理工具，采用树形结构罗列本机的所有资源，使用户能清楚、直观地认识计算机中的文件和文件夹。

单击任务栏上的图标即可打开“文件资源管理器”窗口，如图 2-21 所示，它主要由操作界面、功能区、工具栏、导航栏等组成。

在“文件资源管理器”窗口的操作界面中有很多图标。单击图标为选定操作；双击图标为打开操作；右击图标即可打开如图 2-22 所示的快捷菜单，菜单内提供了文件或文件夹的剪切、复制、粘贴、重命名等命令。

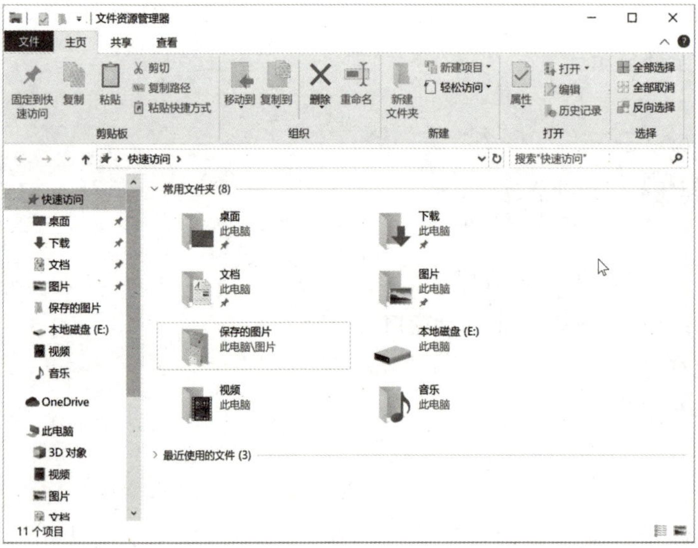

图 2-21 “文件资源管理器”窗口

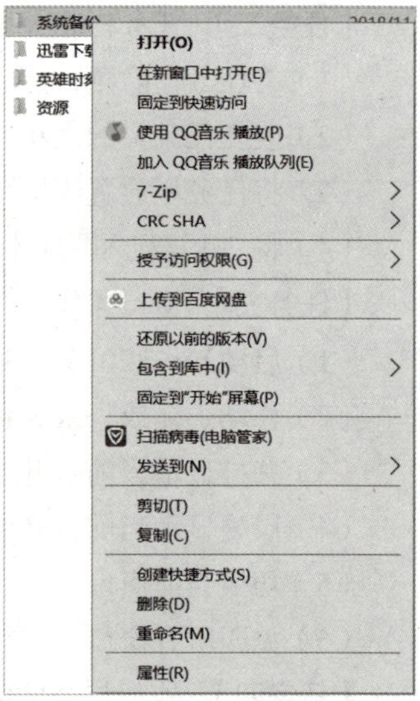

图 2-22 右键快捷菜单

（1）剪切（“Ctrl+X”组合键，可用于移动文件）。选择该选项即可将文件移动至“剪贴板”（用于中转文件或文本），在需要放置文件的位置右击鼠标键弹出快捷菜单并选择“粘贴”选项，即可移动文件。

（2）复制（“Ctrl+C”组合键，可用于复制文件）。选择该选项会在保留原有文件的同时将文件复制至“剪贴板”，在需要放置文件的位置右击鼠标键弹出快捷菜单并选择“粘贴”选项，即可复制文件。

（3）粘贴（“Ctrl+V”组合键）。将最后转移至“剪贴板”的文件或文本复制至指定位置。

（4）重命名。可以重新给文件或文件夹指定新的名称。

例 2-10 文件或文件夹的属性设置。

（1）设置文件的查看方式。“文件资源管理器”窗口“查看”功能区的“布局”组中列出了 Windows 10 提供的文件与文件夹的查看方式，分别是超大图标、大图标、中图标、小图标、列表、详细信息等，如图 2-23 所示。选中一项（如详细信息）即可设置窗口内文件和文件夹的查看方式。或在“文件资源管理器”窗口的空白处右击，在弹出的快捷菜单中选择“查看”选项，在如图 2-24 所示的二级菜单中选择查看方式。在“查看”功能区中还可以设置文件扩展名等信息的显示与隐藏。

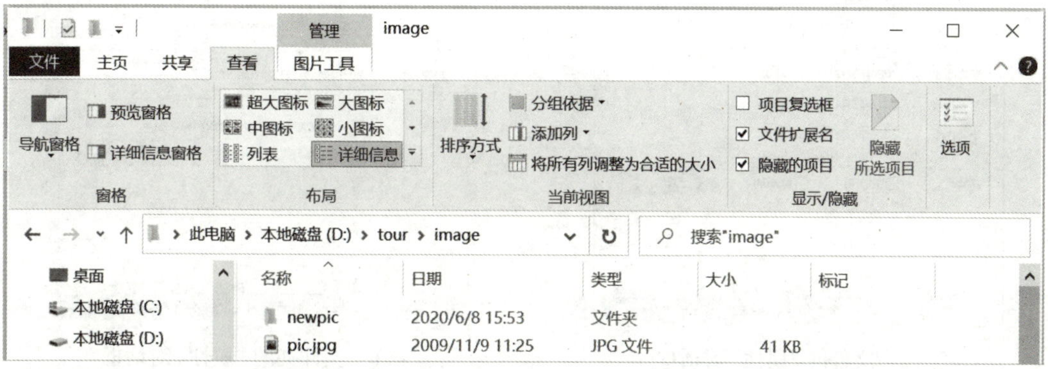

图 2-23 “文件资源管理器”窗口的“查看”功能区

（2）设置文件的排列方式。单击图 2-23 所示“查看”功能区“当前视图”组中的“排序方式”按钮，在打开的下拉列表中列出了文件与文件夹图标的排序方式：名称、修改日期、类型、大小，选中一项（如类型）即可设置窗口内文件和文件夹的排序方式。或在“文件资源管理器”窗口的空白处右击，在弹出的快捷菜单中选择“排序方式”选项，在如图 2-25 所示的二级菜单中选择排序方式。

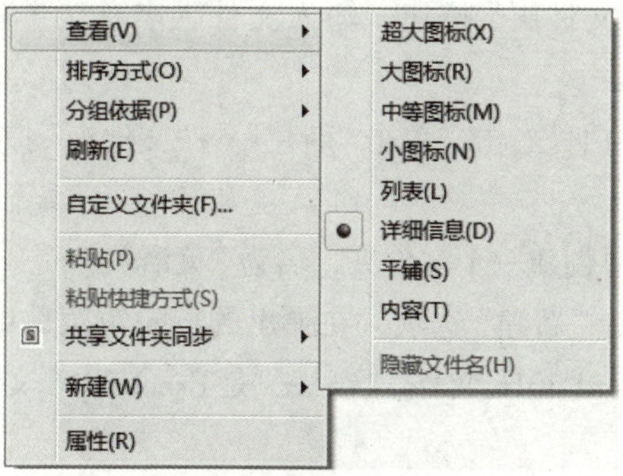

图 2-24 “查看”级联菜单

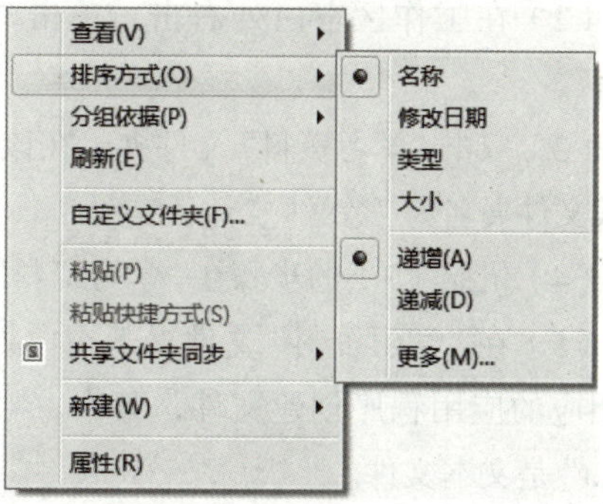

图 2-25 “排序方式”级联菜单

（3）设置文件或文件夹的属性。在文件或文件夹图标上右击弹出快捷菜单，选择“属性”选项，打开文件或文件夹的“属性”对话框，可以查看文件或文件夹的各种信息，如图 2-26（a）

所示，包括文件或文件夹的存储路径、占用空间大小、创建时间等，还可从中设置只读或隐藏属性。

① 勾选“只读”：只能读不能写，保护文件或文件夹不被修改，如图 2-26（b）所示。

② 勾选“隐藏”：可以暂时使该文件或文件夹在目录下隐藏，需要查看时在功能区“查看”选项卡中勾选“隐藏的项目”即可。

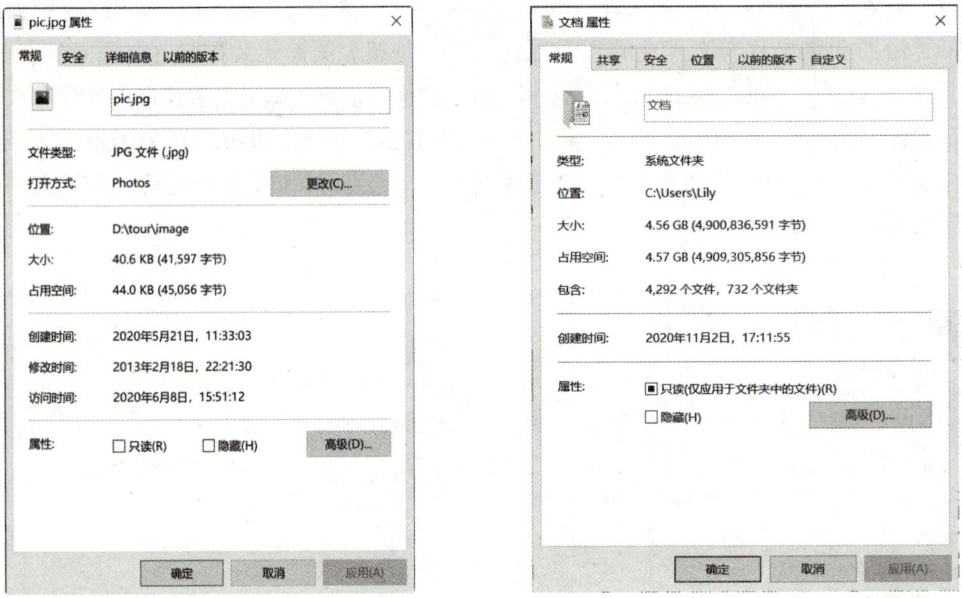

（a）文件的“属性”对话框　　（b）文件夹的“属性”对话框

图 2-26　文件和文件夹的“属性”对话框

例 2-11　文件与文件夹的创建。在计算机 D 盘根目录下创建一个文件夹，命名为“学习资料”，在该文件夹下创建 2 个文件夹，分别命名为数学、英语，同时在“学习资料”文件夹下创建 3 个文件，文件的命名分别是论文参考 1.docx、论文参考 2.xlsx、论文参考 3.txt。具体操作步骤如下。

（1）打开“资源管理器”窗口，在导航窗格中单击 D 盘磁盘驱动器图标。

（2）在工作区空白处右击，单击“新建”→“文件夹”按钮，输入文件夹名称为“学习资料”。

（3）双击“学习资料”文件夹，在该文件夹下空白处右击，单击“新建”→“文件夹”按钮，输入文件夹名为“数学”。

（4）依照（3）的步骤在“学习资料”文件夹下再创建一个文件夹，名为“英语”。

（5）在“学习资料”文件夹下空白处右击，选择“新建”选项，在弹出的下一级菜单中选择相应的应用程序创建文件，其中，“*.docx”是 Word 2016 文件，“*.xlsx”是 Excel 2016 文件，“*.txt”是文本文件。

例 2-12　文件与文件夹的选定。打开“D:\学习资料”文件夹，进行以下操作。

（1）选定任意一个文件或文件夹：将鼠标指针移动到该文件或文件夹上，单击即可。

（2）选定多个相邻的文件或文件夹：将鼠标指针移动到第一个文件或文件夹处单击，然后按住“Shift”键不放，再将鼠标指针移动到最后一个文件或文件夹处单击，释放“Shift”键即可。或利用拖动鼠标左键画一个框将所有涉及的文件或文件夹都框进去即可。

（3）选定所有的文件与文件夹：使用“Ctrl+A”组合键。

（4）选定多个不相邻的文件或文件夹：先选定其中一个文件或文件夹，然后按住“Ctrl”键，再依次选中其他的文件或文件夹，最后释放“Ctrl”键即可。

例 2-13 文件与文件夹的复制与移动。将“D:\学习资料”文件夹中“论文参考 1.docx”与“论文参考 2.xlsx”两个文件复制到“数学”文件夹中，将“论文参考 3.txt”文件移动到“英语”文件夹中。具体操作步骤如下。

（1）打开“资源管理器”窗口，在导航窗格中单击D盘磁盘驱动器图标。在工作区中双击“学习资料”文件夹。

（2）同时选中“论文参考 1.docx”与“论文参考 2.xlsx”两个文件，使用“Ctrl+C”组合键或右击，在弹出的菜单中选择“复制”选项。

（3）双击“数学”文件夹，在该文件夹下使用“Ctrl+V”组合键，或者在空白处右击，选择“粘贴”选项。

（4）单击“资源管理器”窗口中的“后退”按钮，将当前位置退回到“D:\学习资料”文件夹下，拖动“论文参考 3 .txt”到“英语”文件夹图标上即可；或右击“论文参考 3 .txt”文件，在弹出的快捷菜单中选择“剪切”选项，然后打开“英语”文件夹，在该文件夹下右击，选择“粘贴”选项即可。

例 2-14 文件与文件夹的删除。删除“D:\学习资料”文件夹下的“论文参考 1.docx”文件。具体操作步骤如下。

（1）打开“资源管理器”窗口，在导航窗格中单击D盘磁盘驱动器图标。在工作区中双击“学习资料”文件夹。

（2）右击“论文参考 1.docx”文件，在弹出的快捷菜单中选择“删除”选项；或选定“论文参考 1.docx”文件，按“Delete”键，在弹出的对话框中单击“是”按钮。

> **说明** 以上这种删除方法是将删除的文件从原位置移动到了桌面“回收站”中，若需彻底删除该文件可以按照以下方式进行。
>
> 方法一：在执行完上述不彻底的删除步骤之后，双击桌面“回收站”图标，找到“论文参考 1.docx”文件，在该文件下右击，选择“删除”选项。
>
> 方法二：在“D:\学习资料”文件夹下选定“论文参考 1.docx”文件，然后使用“Shift+Delete”组合键。

例 2-15 文件与文件夹的重命名。将“D:\学习资料\数学”文件夹下的“论文参考 2.xlsx”文件重命名为“2 班学习资料参考名单.xlsx”。具体操作步骤如下。

（1）打开“资源管理器”窗口，在导航窗格中单击D盘磁盘驱动器图标。在工作区中双击“学习资料”文件夹。

（2）双击“数学”文件夹图标，右击“论文参考 2.xlsx”文件选择“重命名”命令或选定“论文参考 2.xlsx”文件按“F2”键，输入新的文件名称即可。

例 2-16 文件与文件夹的搜索。

（1）在D盘根目录下搜索“论文参考3.txt”文件。具体操作步骤如下。

① 打开“资源管理器”窗口，在导航窗格中单击D盘磁盘驱动器图标。

② 在窗口的搜索框中输入“论文参考3.txt”。

（2）在D盘根目录下搜索所有txt文件。具体操作步骤如下。

① 打开“资源管理器”窗口，在导航窗格中单击D盘磁盘驱动器图标。

② 在窗口的搜索框中输入“*.txt”。

例 2-17 为文件与文件夹创建快捷方式。对“D:\学习资料”文件夹在桌面创建一个名为“学习资料相关材料”的快捷方式。

方法一：打开“资源管理器”窗口，在导航窗格中单击D盘磁盘驱动器图标；在工作区中右击“学习资料”文件夹，在弹出的快捷菜单中选择执行“发送到”→“桌面快捷方式”选项，重命名为“学习资料相关材料”即可。

方法二：在“桌面”空白处右击，在弹出的快捷菜单中选择执行“新建”→“快捷方式”选项；在弹出的对话框中，输入待创建快捷方式的文件或文件夹的完整路径“D:\学习资料”，单击“下一步”按钮；输入“学习资料相关材料”，单击“完成”按钮即可。

三、实验任务

【任务】 按下列要求完成文件和文件夹的基本操作。

（1）在D盘根目录下创建一个名为“my_test”的文件夹。

（2）在“my_test”文件夹下创建2个文件夹和1个文件。2个文件夹的名称分别为“sub_test1”“sub_test2”，文件的名称为“first_file.docx”。

（3）在“sub_test1”文件夹下创建一个名为“second_file.txt”的文本文件，并在文件中输入“this is my second file!”。

（4）在C盘根目录下搜索首字母为a的文本文件，并任选3个文件复制到“sub_test2”文件夹中。

（5）设置“隐藏已知文件类型的扩展名”“不显示隐藏的文件、文件夹和驱动器”，观察“sub_test2”中文件的显示变化。

（6）将“sub_test2”文件夹中3个文件分别重命名为“third_file.txt”“fourth_file.txt”“fifth_file.txt”。

（7）将“sub_test2”文件夹中的“third_file.txt”文件移动到“sub_test1”文件夹中、“fourth_file.txt”文件复制到“my_test”文件夹中。

（8）将“my_test”文件夹中的“first_file.docx”文件彻底删除，将“sub_test2”文件夹中的“fifth_file.txt”放入“回收站”中。

（9）在“回收站”中将“fifth_file.txt”文件恢复。

（10）将“sub_test2”文件夹中的所有文件设置为“隐藏”属性。

（11）取消“sub_test2”文件夹中的“fifth_file.txt”的“隐藏”属性。

实验 2-3　小工具的应用

一、实验目的

（1）掌握磁盘管理工具的应用。

（2）熟悉注册表的设置。

（3）掌握记事本的使用。

（4）学会画图、截图工具、计算器的使用。

二、实验示例

例 2-18　应用“Windows 管理工具”对磁盘进行管理。

Windows 系统工具中与磁盘相关的常用工具有两个，一是磁盘清理，二是碎片整理和优化驱动器。它们可以在“开始”→“Windows 管理工具”下拉列表中找到，如图 2-27 所示。

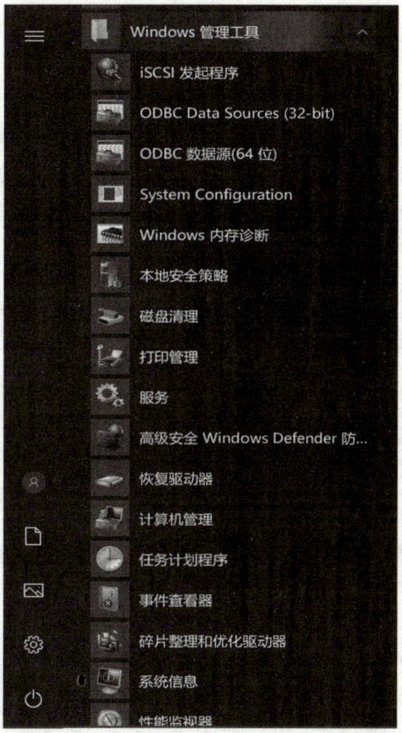

图 2-27　“Windows 管理工具”列表

（1）磁盘清理。磁盘中长时间不用或用不到的文件建议定期清理，回收资源，加快计算机系统的运行速度。磁盘清理工具可以删除临时 Internet 文件、已安装程序、回收站内容、下载内容等。具体的操作步骤如下。

① 单击“开始”按钮，在列表中选择“Windows 管理工具”→“磁盘清理”选项，弹出如图 2-28 所示“磁盘清理：驱动器选择”对话框。

② 选择需要清理的磁盘驱动器，单击“确定”按钮。

③ 弹出所选磁盘的“磁盘清理”对话框，如图 2-29 所示，在“要删除的文件”列表框中选择要删除的选项后，单击“确定”按钮即可对所选磁盘进行清理。

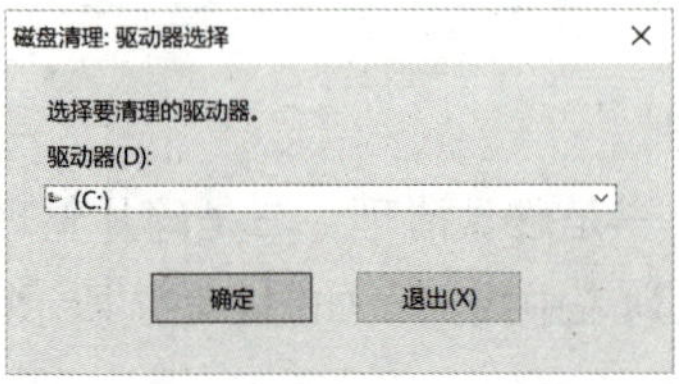

图 2-28 “磁盘清理：驱动器选择”对话框

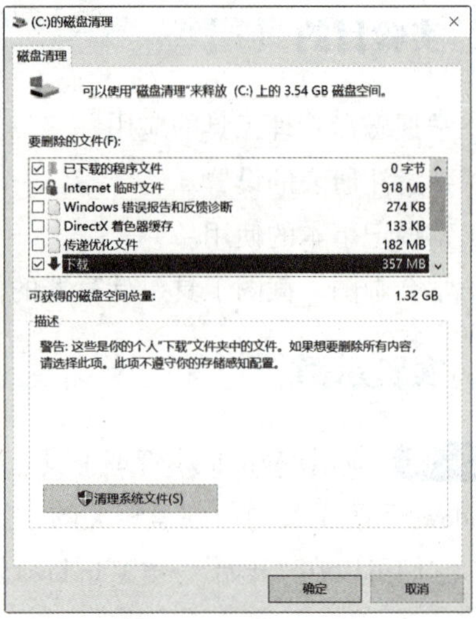

图 2-29 “磁盘清理”对话框

（2）碎片整理和优化驱动器。计算机在保存文件时，会优先将文件连续地保存在磁盘上，在删除文件时会空出对应存储空间。当用户再次存储新文件且磁盘无足够大的连续空间时，就会将新文件拆分成数个部分存储在磁盘中，导致读取速度变慢，进而影响计算机运行速度。碎片整理工具可以将文件重新排序为连续存储的状态，提高计算机运行速度。具体的操作步骤如下。

① 单击“开始”按钮，在列表中选择“Windows 管理工具”→“碎片整理和优化驱动器”选项，弹出如图 2-30 所示“优化驱动器”对话框。

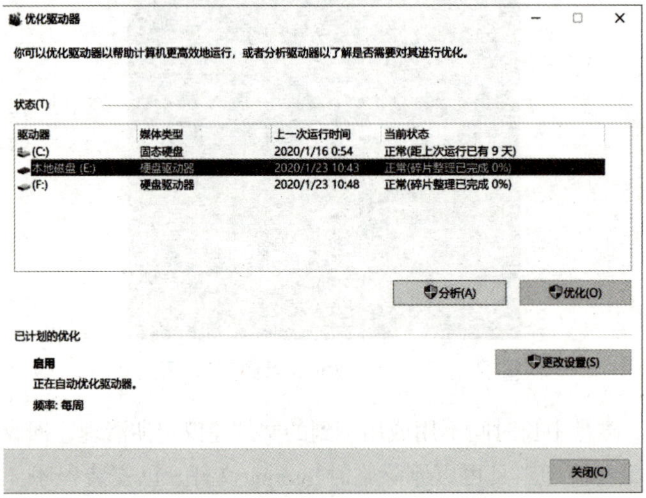

图 2-30 “优化驱动器”对话框

② 选择需要整理的磁盘，单击“分析”按钮。

③ 根据分析的结论，如果存在较多碎片，则单击“优化”按钮。

例 2-19 注册表的设置。

（1）打开注册表。打开注册表有以下几种办法。

① 单击“开始”按钮，在列表中选择“Windows 管理工具”→“注册表编辑器”选项。在弹出的“是否允许对你的设备进行更改”提示框中单击“是”按钮，即可打开如图 2-31 所示的注册表编辑器。

② 在“开始”菜单中找到“运行”程序，输入“regedit”也可打开注册表。

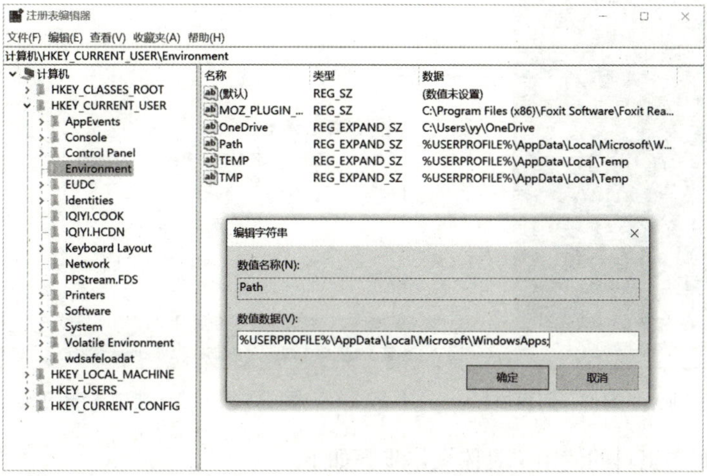

图 2-31 “注册表编辑器”窗口

（2）注册表的操作。具体操作步骤如下。

① 打开注册表。在“开始”菜单的搜索框中输入“regedit”，即可搜索到 regedit.exe 程序，运行该程序后即可打开注册表。

② 更改值项。在注册表中寻找到需要更改的值项，双击打开“编辑字符串”对话框，更改相关数值数据。

③ 备份注册表。在注册表编辑器中选择“文件”→“导出”选项，将注册表以 reg 格式保存到安全位置。当注册表损坏需要恢复原状时，只需选择“文件”→“导入”选项，即可将以前保存的 reg 文件覆盖当前注册表。

例 2-20 记事本的使用。具体操作方法如下。

（1）单击“开始”→“Windows 附件”按钮，打开下拉列表，就可以看到 Windows 10 提供的编辑小工具，如记事本、写字板、计算器、截图工具和画图等，如图 2-32 所示。

（2）选择列表中“记事本”选项，即可打开“记事本”窗口进行内容输入、格式设置等操作，如图 2-33 所示。

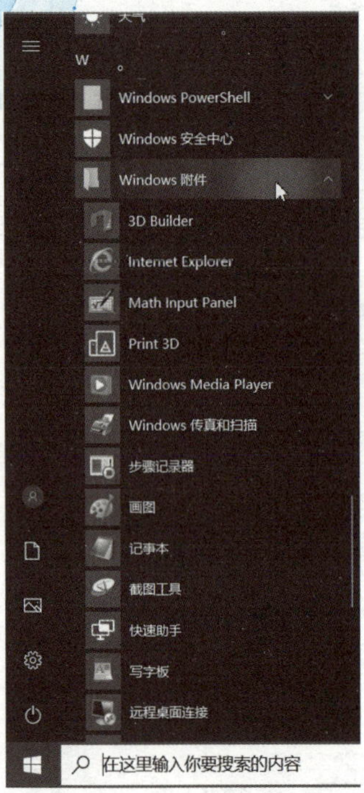

图 2-32 “Windows 附件”列表

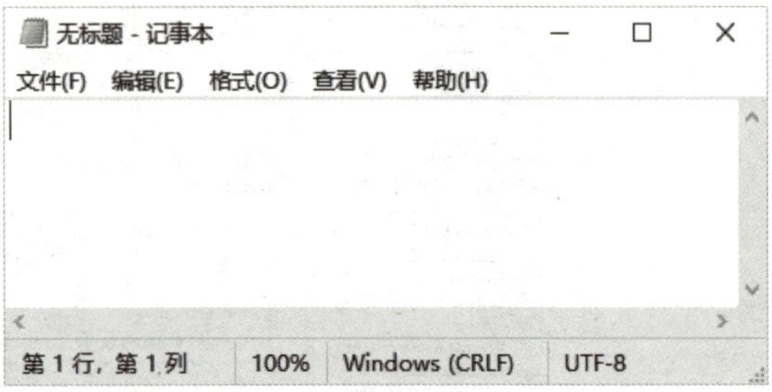

图 2-33 “记事本”窗口

例 2-21 画图工具的使用。具体操作步骤如下。

（1）依次单击“开始”→“Windows 附件”→“画图”选项。

（2）在打开的“画图”窗口中，利用形状工具、颜色工具、填充工具、刷子工具等设置并制作自己喜爱的美术作品，如图 2-34 所示。

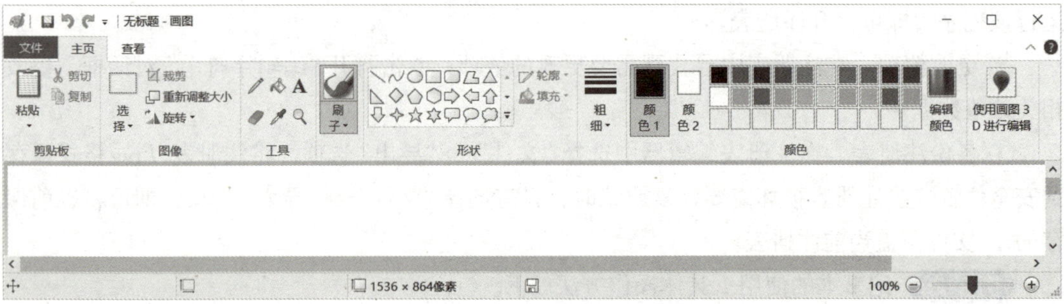

图 2-34 “画图”窗口

Windows 10 同时提供了“画图 3D”（Paint 3D）工具，如图 2-35 所示。它可以看作是经典画图工具的升级演进版，带有 3D 功能，拥有大量新颖的艺术工具，能制作三维模型，可保存为 .glb、.3mf、.fbx 等 3D 模型格式，以及 .mp4、.gif 等视频文件格式，如图 2-36 所示。

图 2-35 “开始”菜单的“画图 3D”工具

图 2-36 “画图 3D”支持的文件格式

例 2-22 屏幕截图工具的使用。

（1）Windows 截图工具。具体操作步骤如下。

① 单击“开始”→“Windows 附件”→“截图工具”按钮。

② 在打开的“截图工具”窗口中单击“新建”按钮，即可进入截图模式。

③ 单击菜单栏“模式”按钮，下拉菜单中提供有任意格式截图、矩形截图、窗口截图和全屏幕截图 4 种截图模式，如图 2-37 所示。

④ 截图时按住鼠标左键不放并拖动鼠标，放开时即可获得指定矩形区域内如图 2-38 所示截图。

⑤ 单击“截图工具”窗口中“编辑”→“复制”按钮可将截图内容放至剪贴板，供后续粘贴。

⑥ 单击“文件”→“另存为”选项，选择保存为图像文件。

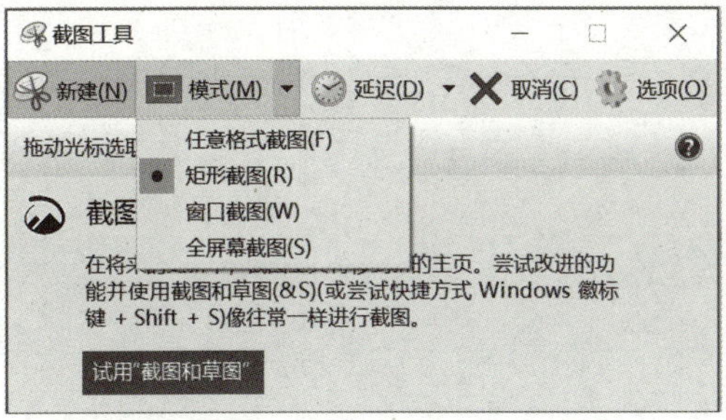

图 2-37 “截图工具”窗口

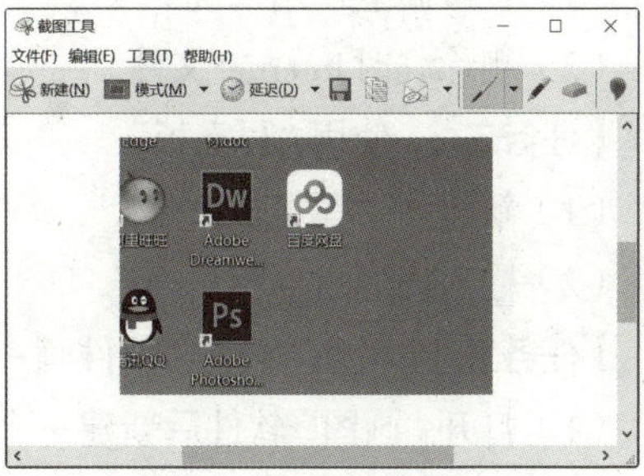

图 2-38 截图图片

（2）快捷键截图。利用键盘按键实现截图功能有 3 种常用方法。

① 按键盘“PrtScrn”键截屏，获取整个屏幕的图片，然后到想要粘贴的地方按“Ctrl+V”组合键进行粘贴即可。

② 按“Alt+PrtScrn”组合键截屏，获取当前窗口的图片，然后到想要粘贴的地方按“Ctrl+V”组合键进行粘即可。

③ 启动 QQ 程序，使用“Ctrl+Alt+A”组合键截屏，可以在屏幕上的任何地方截屏。

例 2-23 计算器的使用。具体操作步骤如下。

（1）依次单击“开始”→“Windows 附件”→“计算器”按钮，打开“计算器”窗口，如图 2-39 所示。

（2）单击左上方按钮☰可打开如图 2-40 所示的下拉菜单，可切换为科学（如图 2-41）、程序员、日期计算等界面。还可根据当前汇率进行各国货币转换，以及容量、长度、重量和温度的相互转换计算。

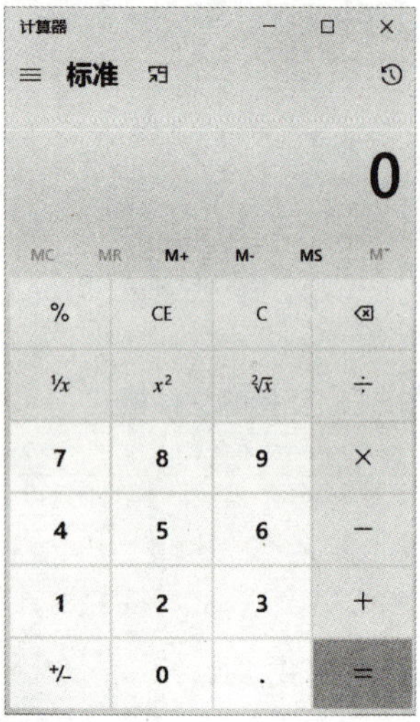

图 2-39 “计算器”窗口

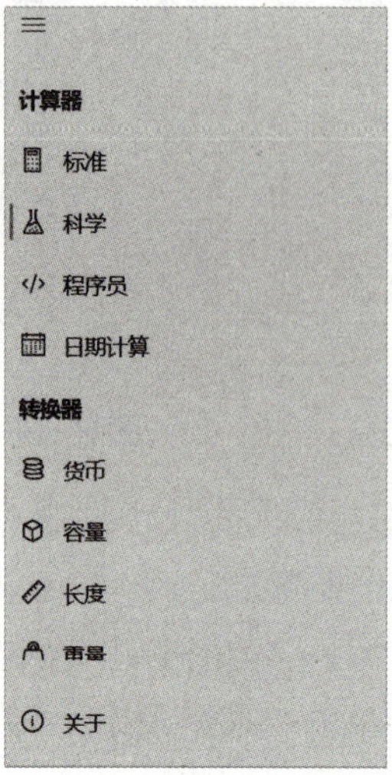

图 2-40 “计算器”的下拉菜单窗口

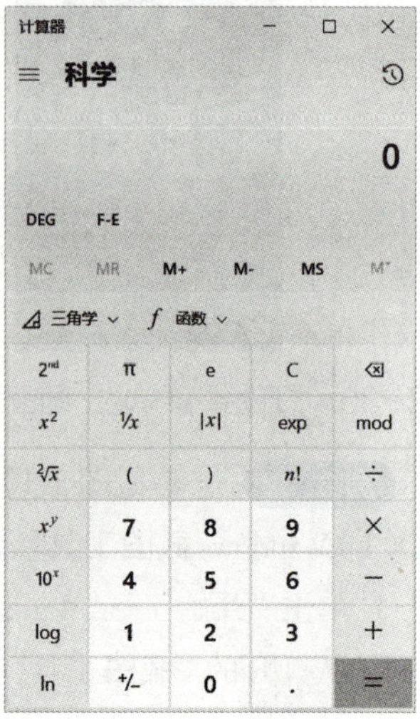

图 2-41 “计算器”的“科学”窗口

三、实验任务

【任务一】 了解磁盘使用情况。

（1）查看磁盘使用情况。

（2）删除临时 Internet 文件。

【任务二】 使用“写字板”。

（1）新建一个写字板文件。

（2）输入内容后保存。

【任务三】 使用“画图”软件画一幅图片。

（1）打开“画图”软件后新建一个文件。

（2）设计一份生日贺卡，然后保存。

【任务四】 使用“计算器”工具计算 10！。

（1）打开“计算器”工具。

（2）计算 10！。

第3章 Word 2016 文字处理软件实验

本章通过学习文字处理软件，使用它不仅可以进行简单的文字处理，还能制作出图文并茂的文档、编辑和排版长文档及需要进行特殊版式编排的文档的编辑和排版，让中华文化可以更好地传播和展现出永久魅力及时代风采。

实验 3-1 Word 2016 文本编辑与排版

一、实验目的

（1）熟悉 Word 的窗口界面。

（2）掌握 Word 文档的创建、保存等基本操作。

（3）熟练掌握创建、输入、保存、关闭 Word 文档的操作方法。

（4）熟练掌握文本的选定、插入与删除、复制与移动、查找与替换等基本编辑方法。

（5）熟练掌握字体格式设置、段落格式设置。

（6）掌握对文档的页面设置、文档背景设置和文档分栏、首字下沉等基本排版操作。

二、实验示例

例 3-1 打开 Word 2016 窗口，熟悉窗口界面的组成。具体操作步骤如下。

（1）选择“开始”→“Word 2016”选项（如图 3-1），启动 Word 2016 软件（如图 3-2）。

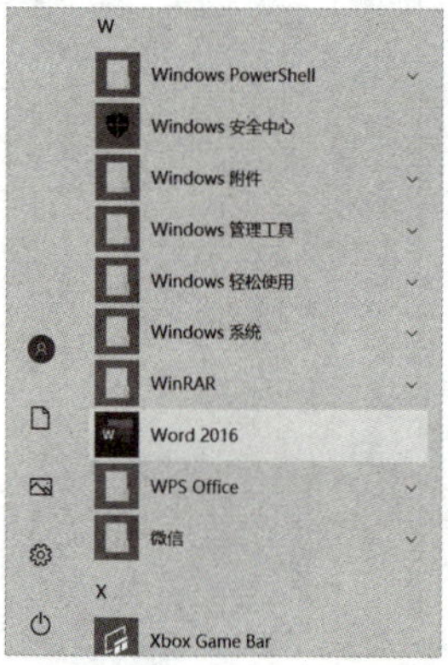

图 3-1 选择“Word 2016”命令

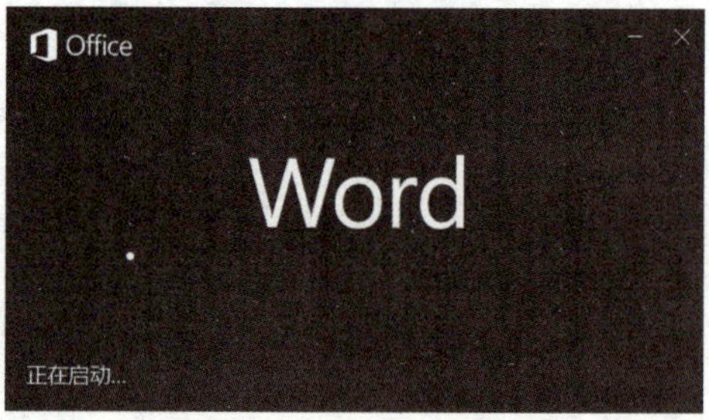

图 3-2 Word 2016 启动界面

若安装 Office 2016 时创建了桌面快捷方式，可直接双击桌面上的 Word 2016 快捷方式图标，启动 Word 2016。

（2）启动 Word 2016 后的操作界面如图 3-3 所示，它主要由 5 个部分组成。

① 标题栏。在窗口的最上一行，左边是快捷访问工具栏，中间是当前文件名，右边是窗口控制按钮。其中，左边的快捷访问工具栏的内容可以由用户自己定义，右边的窗口控制按钮前增加了一个“功能区显示选项”按钮。

单击“文件”→“选项”按钮，或打开“快捷访问工具栏”最右侧下三角按钮，打开下拉菜单，选择“其他命令”选项，打开“Word 选项”对话框，在左侧列表中选择“快捷访问工具栏”选项，这里可以将需要的命令加入“快捷访问工具栏”，如图 3-4 所示。

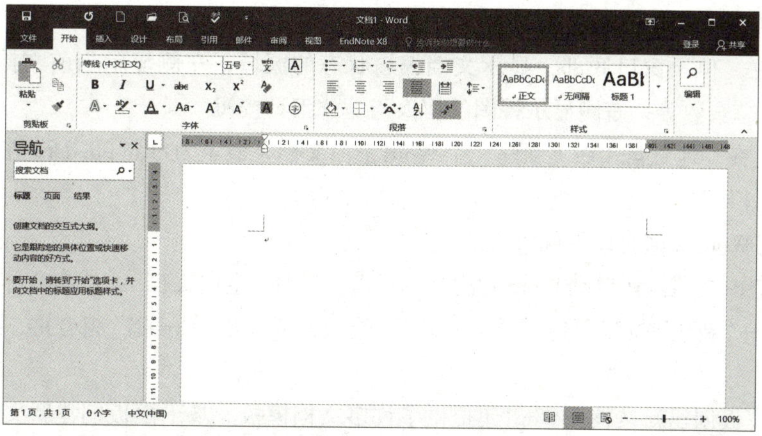

图 3-3　Word 2016 的工作界面

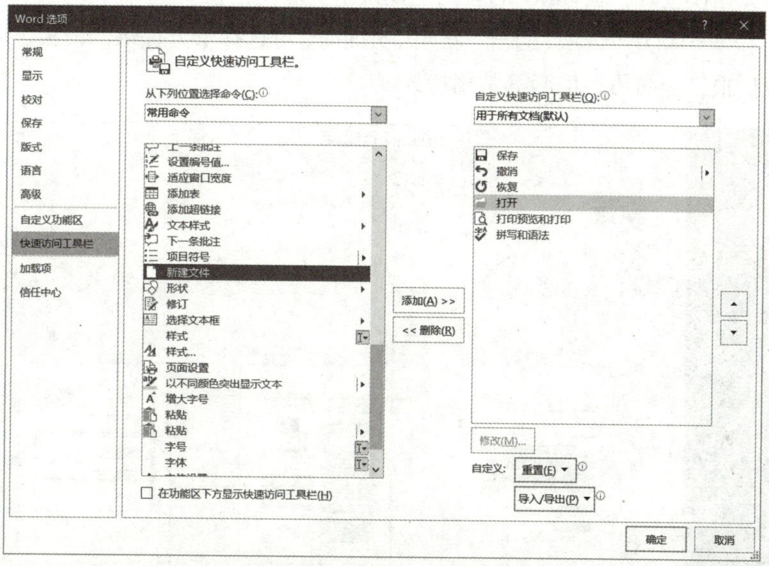

图 3-4　在“Word选项”对话框中添加“快捷访问工具栏”内容

② 功能区。在标题栏下方，如图 3-5 所示，包含“文件”菜单、“开始”“插入”“设计”“布局”“引用”“邮件”“审阅”“视图”功能区及搜索框。

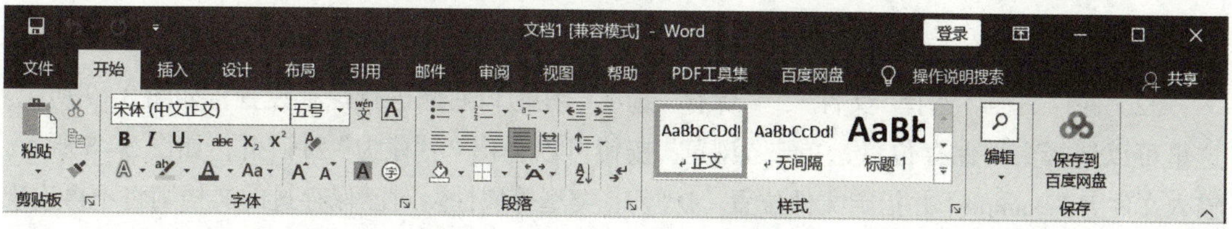

图 3-5　Word 2016 功能区

③ 导航窗格。位于窗口左侧，是首次启动 Word 时的默认显示内容，有标题、页面和结果三个标签。默认以标题为搜索交互工具。如果文档中没有标题样式，也可通过输入实现查找定位。

④ 文档编辑区。它是输入和编辑文本、对象的工作区域，默认是白色为底，是最主要的

编辑与显示的工作区。

⑤ 状态栏。位于窗口底部，显示文档编辑状态的区域，左侧显示当前文档的基本信息，如当前页数及总页数等，右侧显示视图的切换与缩放工具按钮。

例 3-2 在本地磁盘（D:）新建一个Word空白文档，命名为example.docx进行保存。具体操作步骤如下。

（1）新建Word文档有以下两种方式。

① 创建空白文档。在启动Word时的开始屏幕上选择“空白文档”，或在Word工作环境下，单击“文件”→“新建”按钮，选择“空白文档”选项，或使用“Ctrl+N”组合键，可以创建一个空白文档。

② 使用模板创建新文档。Word还提供了许多文档模板。基于模板创建新文档可省略许多格式设置等重复操作。Office本身也提供了许多格式的模板，除了在安装系统时直接装入在本地的部分常用文档模板外，在Office的官网上提供了更多的模板。

选择“文件”→“新建”选项，打开“新建”页面时，可选择下方提供的模板，如图3-6所示。模板的类型包括报告、简历、信函等常用格式。

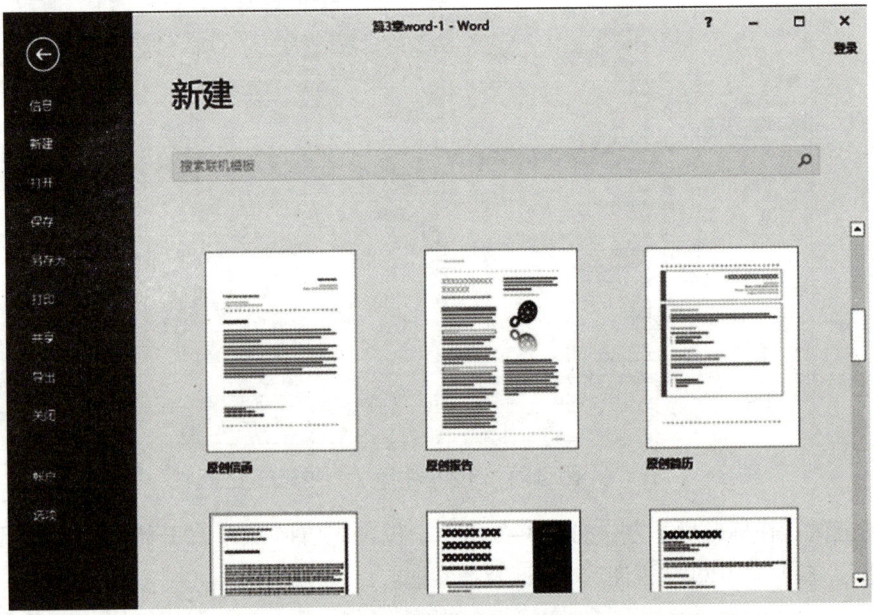

图 3-6　使用模板创建新文档

（2）保存文档。选择“文件”→“保存”选项，在窗口右侧进行保存设置，如图3-7所示。这里可以选择文件保存位置，单击“浏览”按钮可以弹出“另存为”对话框，如图3-8所示，输入文件名“example”并指定文件位置（D盘）、类型等属性。对已保存过的文档则将不再出现“另存为”对话框。最便捷的保存文档的方法是使用“Ctrl+S”组合键，还可以单击窗口左上角快速启动栏中的“保存”按钮直接保存。

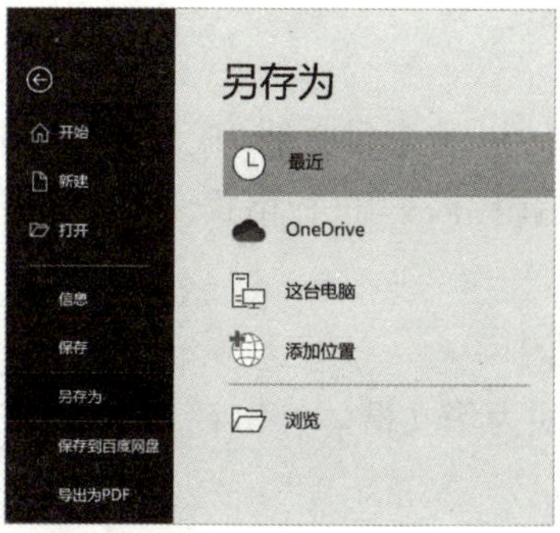

图 3-7　修改保存的默认选项

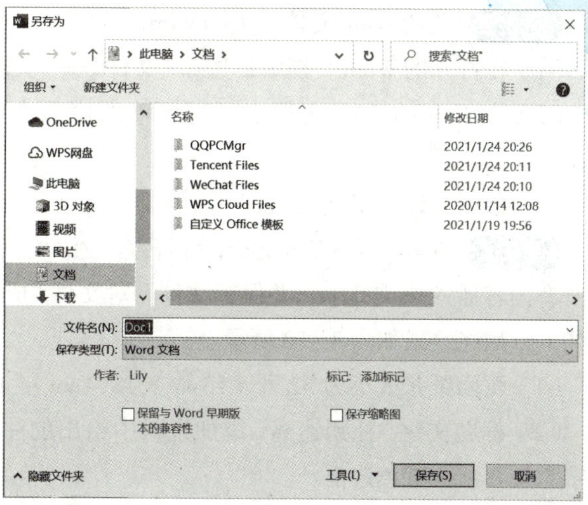

图 3-8　“另存为”对话框

（3）文件格式的转换。通过“另存为”功能可进行文件格式的转换。例如，要将Word文档保存成为PDF文件时，在“另存为”对话框的“保存类型”中选择“PDF”即可。

（4）设置自动保存时间间隔。Word对经过长时间编辑但没有进行存盘的文档，在间隔固定时间后会执行自动保存操作，以避免意外发生时的数据损失。自动保存的间隔时间可在“文件”→“选项”→“保存”中进行设置。

在单击“文件”→“选项”→“保存”所打开的对话框中可以对Word文档的保存属性进行设置，如设置“保存自动恢复信息时间间隔”为15min，即自动保存间隔为15min。单击“默认本地文件位置”后的“浏览”按钮，选择文档默认的保存路径，如图3-9所示。

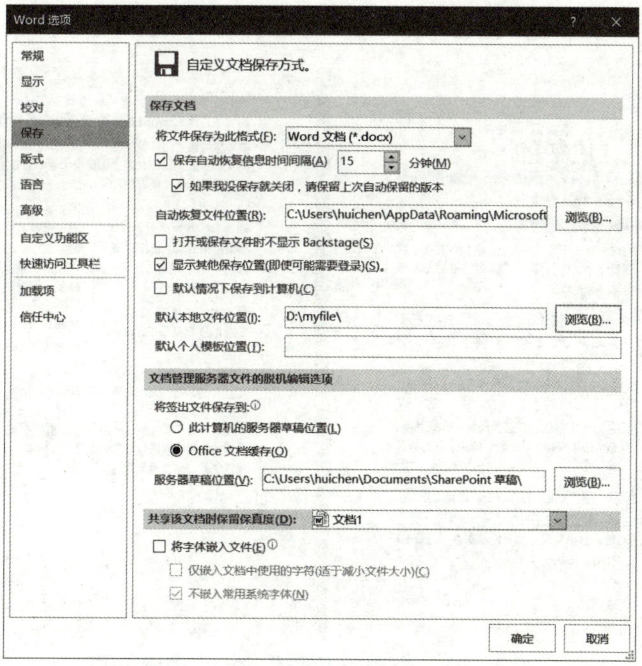

图 3-9　设置自动保存时间间隔

例 3-3 关闭 Word 文档。关闭 Word 文档有 3 种方法：

（1）在打开的 Word 文档中，选择“文件”→“关闭”选项，可退出 Word 2016。

（2）在打开的 Word 文档中，直接单击窗口右上角的“关闭”按钮 ×，可退出 Word 2016。

（3）使用“Alt+F4”组合键。

例 3-4 新建一个 Word 文档，命名为“成语故事编辑 .docx”，将素材文件“成语故事 .docx”中所有内容插入该文件中，并保存文件。对文件“成语故事编辑 .docx”进行格式设置，设计要求如下，最终效果如图 3-10 所示。

（1）页面纸张大小为 32 开（13 cm × 18.4 cm），页边距适中。

（2）标题文字“扑朔迷离”添加素材中给出的注音，格式为华文楷体、16 磅、居中对齐、文字添加双细线蓝色边框。

（3）标题下方“出处”和“解释”两段添加如图 3-10 所示的项目符号，并为段落添加一种虚线蓝色边框。

（4）正文段落“北魏时……因而难以分辨雄雌。”格式为宋体、五号、首行缩进 2 字符、段前段后各 6 磅、单倍行距。

（5）为正文首段设置首字下沉 2 行，首字字体“隶书”；为正文最后两段分成等宽两栏，并添加分隔线。

（6）正文之后空一行，插入一条横线。

（7）文档最后 3 段“【近义词】”“【反义词】”“【例句】”添加一种蓝色虚线边框。

（8）将文档中所有的“木兰”二字加着重号，将所有“花狐”更正为“花弧”。

（9）文档的页眉处为“—成语故事—”、页脚处插入页码“&1，2...”。

（10）为页面添加一种背景颜色，并添加水印文字“文化自信”。

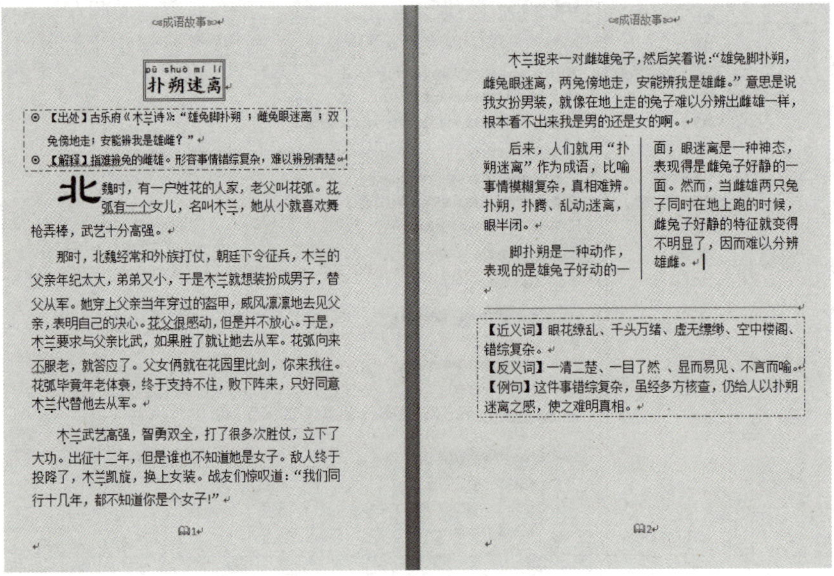
成语故事

pū shuò mí lí
扑朔迷离

⊙【出处】古乐府《木兰诗》：“雄兔脚扑朔；雌兔眼迷离；双兔傍地走；安能辨我是雄雌？”

⊙【解释】指难辨兔的雌雄。形容事情错综复杂，难以辨别清楚

北魏时，有一户姓花的人家，老父叫花弧。花弧有一个女儿，名叫木兰，她从小就喜欢舞枪弄棒，武艺十分高强。

那时，北魏经常和外族打仗，朝廷下令征兵，木兰的父亲年纪太大，弟弟又小，于是木兰就想装扮成男子，替父从军。她穿上父亲当年穿过的盔甲，威风凛凛地去见父亲，表明自己的决心。花父很感动，但是并不放心。于是，木兰要求与父亲比武，如果胜了就让她去从军。花弧向来不服老，就答应了。父女俩就在花园里比剑，你来我往。花弧毕竟年老体衰，终于支持不住，败下阵来，只好同意木兰代替他去从军。

木兰武艺高强，智勇双全，打了很多次胜仗，立下了大功。出征十二年，但是谁也不知道她是女子。敌人终于投降了，木兰凯旋，换上女装。战友们惊叹道：“我们同行十几年，都不知道你是个女子！”

1

成语故事

木兰捉来一对雌雄兔子，然后笑着说：“雄兔脚扑朔，雌兔眼迷离，两兔傍地走，安能辨我是雄雌。”意思是说我女扮男装，就像在地上走的兔子难以分辨出雌雄一样，根本看不出来我是男的还是女的啊。

后来，人们就用“扑朔迷离”作为成语，比喻事情模糊复杂，真相难辨。扑朔，扑腾、乱动；迷离，眼半闭。

脚扑朔是一种动作，表现的是雄兔子好动的一面；眼迷离是一种神态，表现得是雌兔子好静的一面。然而，当雌雄两只兔子同时在地上跑的时候，雌兔子好静的特征就变得不明显了，因而难以分辨雄雌。

【近义词】眼花缭乱、千头万绪、虚无缥缈、空中楼阁、错综复杂。
【反义词】一清二楚、一目了然 、显而易见、不言而喻。
【例句】这件事错综复杂，虽经多方核查，仍给人以扑朔迷离之感，使之难明真相。

2

图 3-10 “成语故事编辑 .docx”最终效果

具体操作步骤如下：

（1）创建、打开 Word 文档。在计算机的 D 盘新建文件夹“第 3 章实验”，在该文件夹下，右击窗口空白处，在弹出的快捷菜单中选择“新建”→“DOCX 文档”选项，为新生成的文件重命名为“成语故事编辑 .docx”，并双击打开该文件。

（2）在文档中插入现有文件中的文字。在打开的文档中，单击“插入”→“文本”→“对象”下拉按钮，选择“文件中的文字”选项，如图 3-11 所示，打开“插入文件”对话框（如图 3-12），选择素材文件“成语故事 .docx”，单击“插入”按钮，将文本插入 Word 文档，单击“保存”按钮对文档进行保存。

图 3-11　选择“文件中的文字”选项

（3）设置页面。单击“布局”→“页面设置”→“纸张大小”下拉按钮，选择“32 开（13 cm × 18.4 cm）”，然后，在“页边距”下拉列表选择“适中”选项。

（4）标题格式设置。

① 选择标题文字“扑朔迷离”，在“开始”→“字体”→“字体”下拉列表中选择“楷体”选项，在“字号”下拉列表中输入“16”并按“Enter”键，单击“段落”→“居中”按钮。

② 选择标题文字“扑朔迷离”，单击“字体”→“拼音指南”按钮，打开“拼音指南”对话框，如图 3-13 所示，单击“组合”按钮，将注音的字体设置为“黑体”。单击“确定”按钮。

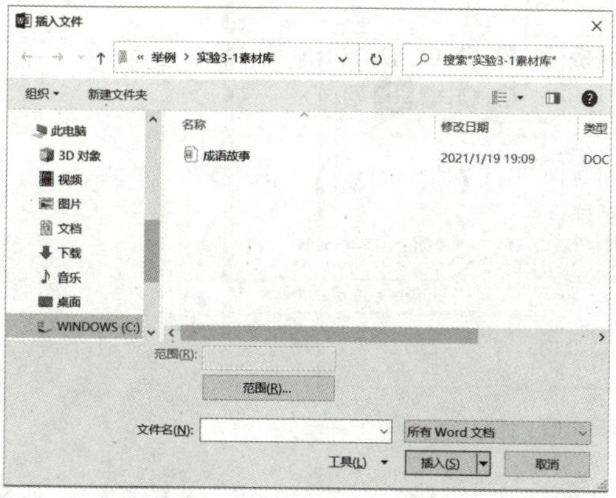

图 3-12　“插入文件”对话框

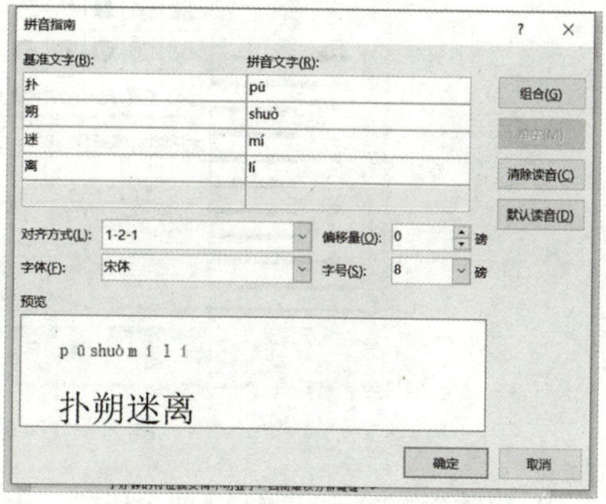

图 3-13　“拼音指南”对话框

③ 选择标题文字“扑朔迷离”，在“开始”→“段落”→“下框线”下拉列表中选择“边框和底纹”选项，如图 3-14 所示，打开“边框和底纹”对话框，设置文字边框，如图 3-15 所示。

图 3-14 “边框和底纹”下拉列表

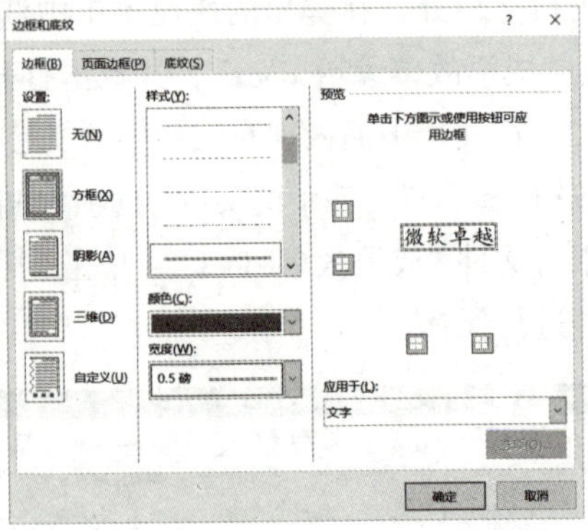

图 3-15 “边框和底纹”对话框

（5）为段落添加项目符。

① 选择“出处”和“解释”两个段落，单击“开始”→“段落”→“项目符号”下拉按钮，选择“定义新项目符号”选项，打开“定义新项目符号”对话框，单击“符号”按钮，在“符号”对话框中选择一种新的符号◙，如图 3-16 所示。

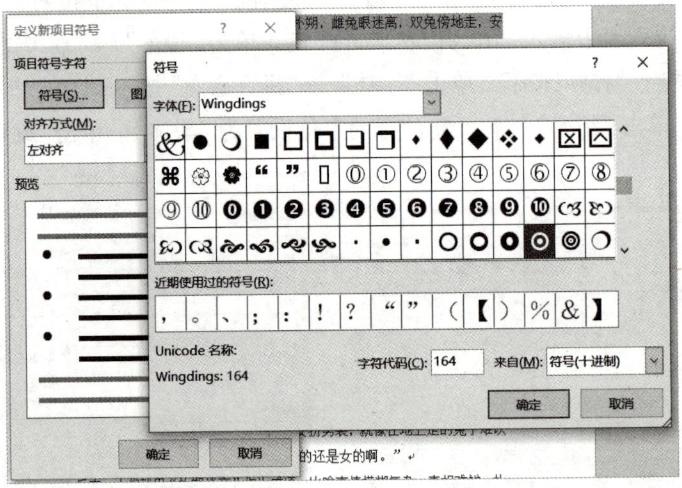

图 3-16 定义新的项目符号

② 选择“出处”和“解释”两个段落，单击“开始”→“段落”→“下框线”下拉按钮，选择“边框和底纹”选项（图 3-15），打开“边框和底纹”对话框，“样式”选择“虚线”，“颜色”选择“蓝色”，“应用于”选择“段落”，单击“确定”按钮。

（6）正文段落格式设置。

① 选择正文段所有文字“北魏时……因而难以分辨雄雌。”单击“开始”→“字体”→功能区中“字体”，选择“宋体”，“字号”选择“五号”；单击“开始”→“段落”组的对话框启动器按钮，打开“段落”对话框，设置“特殊格式”为“首行缩进”，“缩进值”输入“2 字符”，段前段后分别输入“0.5 行”，如图 3-17 所示，单击“确定”按钮。

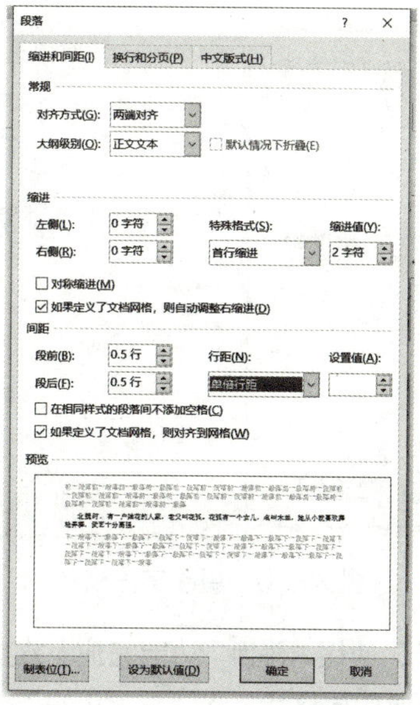

图 3-17　正文段落格式设置

② 将光标置于正文第一段“北魏时……”单击“插入”→“文本”→“首字下沉”下拉按钮，选择“首字下沉”选项，在打开的“首字下沉”对话框进行如图 3-18 所示的设置。

③ 选择正文最后两段“后来，人们就……因而难以分辨雄雌。”单击“布局”→“页面设置”→“分栏”下拉按钮，选择“更多分栏”选项，打开“分栏”对话框，按图 3-19 所示进行设置。

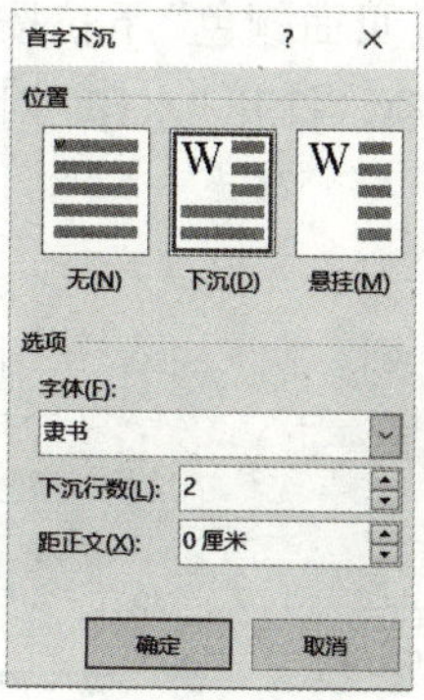

图 3-18　“首字下沉”对话框

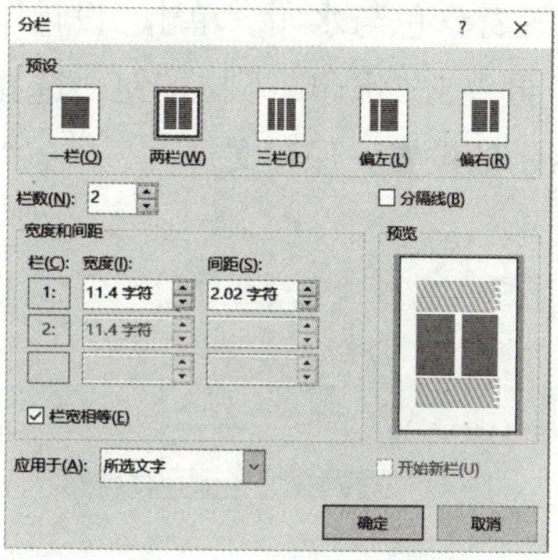

图 3-19 “分栏”对话框

（7）插入横线。分栏段落之后添加一个空段落，单击“开始”→“段落”→“下框线”下拉按钮（如图 3-14），选择“横线”。

（8）设置段落边框。选择文档最后 3 段“【近义词】”“【反义词】”“【例句】”，按照上述方法为段落设置边框。

（9）替换。

① 将光标置于文档任意位置，为“木兰”二字加着重号。单击“开始”→“编辑”→“替换”按钮，打开“查找和替换”对话框，单击“更多”按钮，按图 3-20 所示进行设置，搜索范围为“全部”，在“替换为”文本框中输入“木兰”并单击“格式”按钮，设置“替换字体”的格式，最后单击“全部替换”按钮。

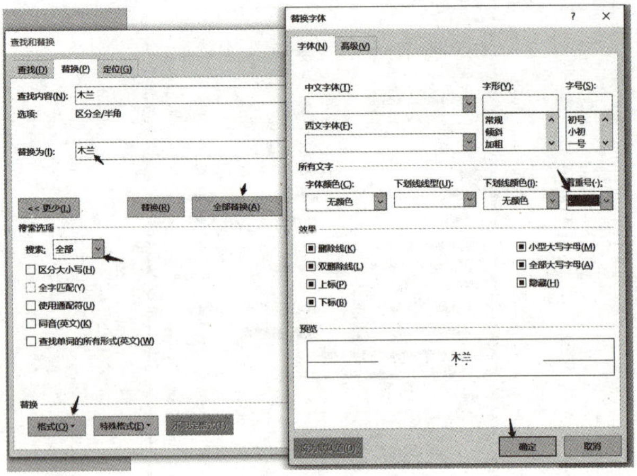

图 3-20　更改字体格式

② 将“花狐”更正为“花弧”，使用“替换”功能完成。在如图 3-21 所示“查找和替换”对话框中，当前的文本替换没有附加任何格式，若“查找内容”或“替换为”文本框中已定义的格式，应先单击“查找和替换”对话框下方的“不限定格式”按钮取消格式设置。

（10）设置页眉与页码。单击“插入”→“页眉和页脚”→“页眉”下拉按钮，选择“编辑页眉”选项，在页眉居中位置输入“成语故事”，并在这四个字的左右两边分别插入一个特殊符号“—”。单击“页眉和页脚工具/设计”→“页眉和页脚”→“页码”下拉按钮，选择“页面底端”→“普通数字 2”选项，居中位置插入阿拉伯数字，并在页码左边插入一个特殊符号“&”。

（11）设置背景色与水印。单击“设计”→“页面背景”→“页面颜色”下拉按钮，选择一种主题颜色；再单击“水印”下拉按钮，选择“自定义水印”选项，打开“水印”对话框，进行如图 3-22 所示的设置。保存文件。

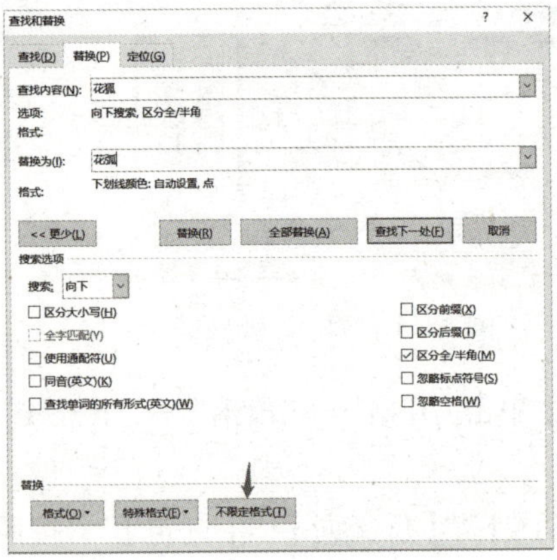

图 3-21　文本替换

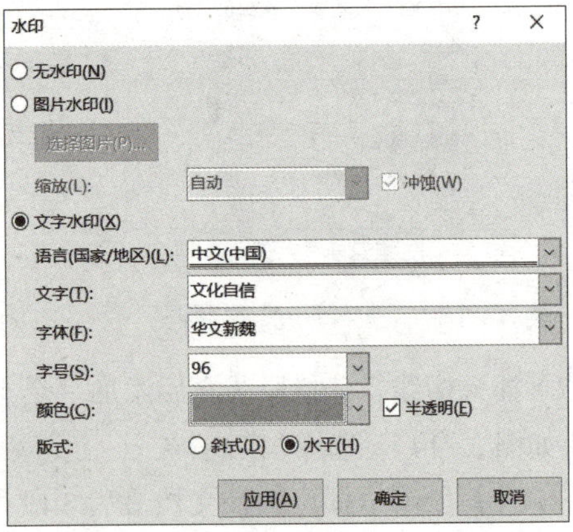

图 3-22　“水印”对话框

三、实验任务

【任务一】 请创建一个 Word 文档，插入“计算机网络技术.txt”中的文字，按如下要求编辑文档并保存。

（1）对标题段文字（第一行）做如下设置：居中对齐，字体设为方正姚体，加粗，三号，粗波浪下画线。

（2）正文所有段落设为宋体，小四，首行缩进 2 字符，段前 0.5 行，行距为最小值 23 磅。

（3）将正文第一段、第二段中字符“[1]”“[2]”设置为上标显示。

（4）用格式刷将正文第三段文字“计算机网络分类”格式设置成与标题一样的格式。

（5）将文档中所有的“.”替换成“。”，并将文字“网络”的颜色改成红色。

（6）将正文第 4 段“按网络范围”、第 6 段“按交换方式”、第 8 段“其他分类”添加一种项目符号；第 5 段中文字“（1）局域网（LAN）”“（2）城域网（MAN）”“（3）广域网（WAN）”分成独立的 3 段，删除其后的标点符号。

（7）将正文第 2 段分成等宽两栏，中间加分隔线，首字下沉 2 行，字体改成华文新魏。

（8）为文档插入页眉，奇数页页眉“计算机网络”为五号宋体，居中对齐，并为页眉段添加双细线下框线，偶数页页眉“Word 格式设置练习”为五号宋体，居中对齐，取消框线。页脚处居中插入罗马字页码。

【任务二】 请对 Word 文件“计算机网格发展历程.docx”按如下要求设置并保存。

（1）将标题段文字“计算机网络发展历程”设置字体为华文中宋，二号，加粗，字符间距加宽 2 磅，居中对齐；将该段文字加阴影边框，设置底纹为黄色、深红色 20% 样式的图案。

（2）将正文所有中文文字设置为宋体四号；西文为 Times New Roman，四号。段首缩进 2 字符，左右各缩进 0.5 cm。段前段后 0.5 行，行距为 1.25 倍行距，段中允许分页。

（3）将标题 1 样式修改成：黑体、三号，左对齐，无缩进，无特殊格式，段前段后各 16 磅，行距为固定值 28 磅，并将修改后的标题 1 样式应用于正文字段“第一阶段诞生阶段”“第二阶段形成阶段”“第三阶段互联互通阶段”“第四阶段高速网络技术阶段”。

（4）将正文中所有的“计算机网络”修改成“计算机网络技术”，字体改为隶书、字下加线。

（5）将正文第一段“20 世纪 60 年代中期……已具备了网络的雏形。”分成两栏，第一栏栏宽 16 字符，间距 2 字符，并使该段距正文 0.5 cm，首字下沉 2 行。

（6）居中对齐插入页码，字体为黑体、五号，格式如“-1-”。

实验 3-2 Word 2016 表格制作

一、实验目的

（1）掌握表格的基本制作方法。

（2）掌握如何对表格进行各种修饰。

二、实验示例

例 3-5 新建一个 Word 文档，参照图 3-23 所示样式，使用表格，制作一份自己的个人简历。

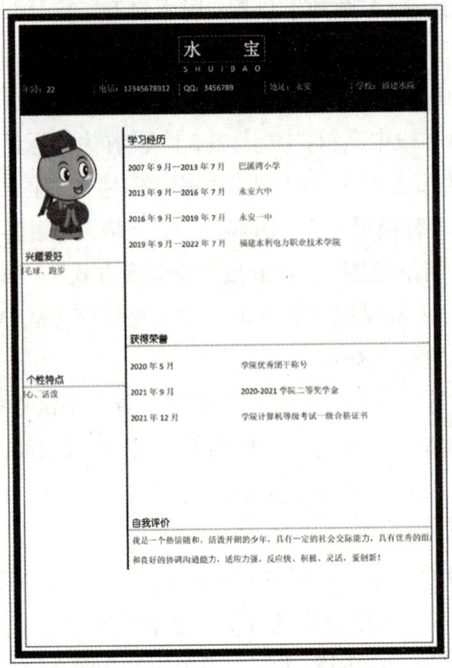

图 3-23 个人简历样式

具体操作步骤如下。

（1）在计算机中新建一个Word文档，命名为“个人简历.docx”，并打开该文档。

（2）在打开的Word文档界面，单击“布局”→“页面设置”→“页边距”下拉按钮，在打开的下拉列表中选择“窄”选项，如图3-24所示。

（3）单击“插入”→“表格”下拉按钮，在下拉菜单中选择“插入表格”选项，在打开的“插入表格”对话框中，在“列数”中输入“5”，在“行数”中输入“15”，选中“根据窗口调整表格”选项，如图3-25所示，单击“确定”按钮，插入一个5列15行的表格，如图3-26所示，上方新增“表格工具/设计”和“表格工具/布局”选项。

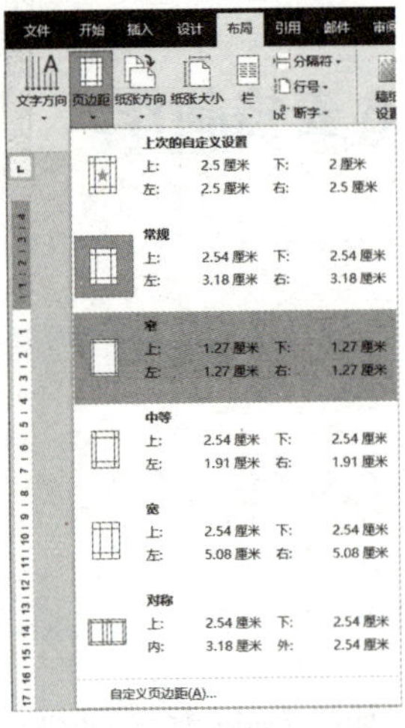

图 3-24 设置页边距

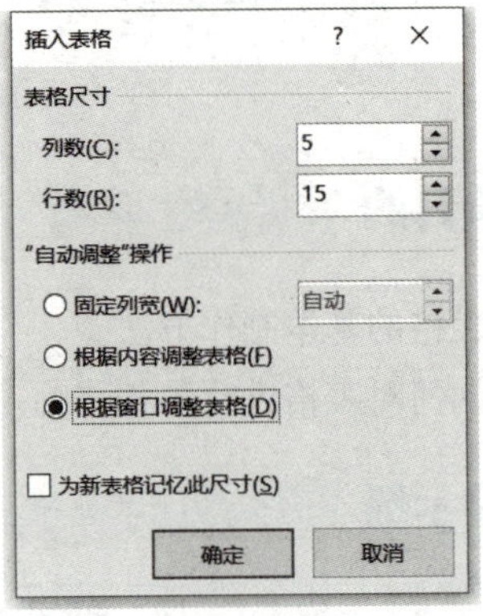

图 3-25 “插入表格”对话框

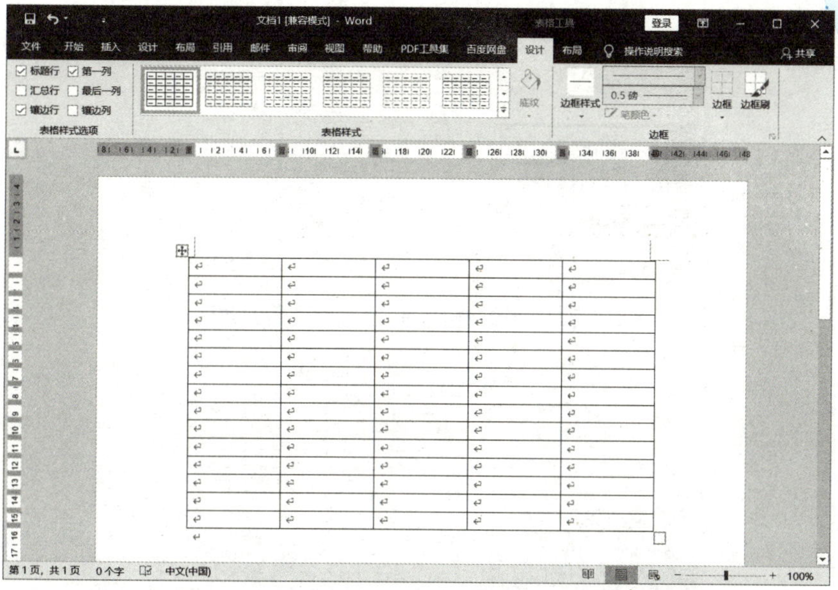

图 3-26 插入 5 列 15 行的表格

（4）单击表格左上角的表格选择器，选择整个表格，在“表格工具/布局”→“单元格大小”组→“高度”文本框中输入“0.8”，如图 3-27 所示，并按“Enter”键确定。

图 3-27 “表格工具/布局”选项卡

（5）将光标置于表格第 6 行，单击“表格工具/布局”→“合并”→“拆分表格”按钮，将表格拆分为“上表 5×5”和“下表 5×10”两张表，如图 3-28 所示。

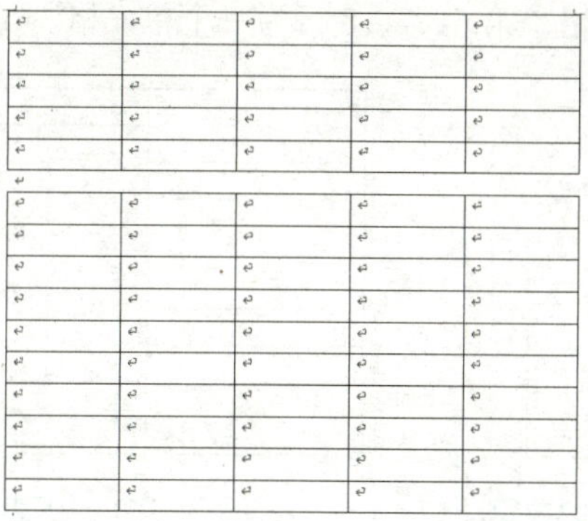

图 3-28 “上表 5×5”和“下表 5×10”两张表

（6）选择“下表”最后两列，单击“表格工具/布局”→“行和列”→“删除”下拉按钮，选择“删除列”选项，如图 3-29 所示。将光标置于“下表”中，单击“表格工具/布局”→“单元格大小”→“自动调整”下拉按钮，选择“根据窗口自动调整表格”选项，效果如图 3-30 所示。

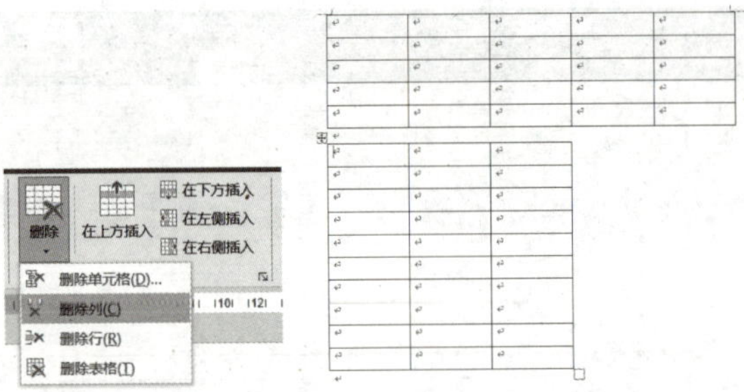

图 3-29 选择“删除列”及删除列后的效果

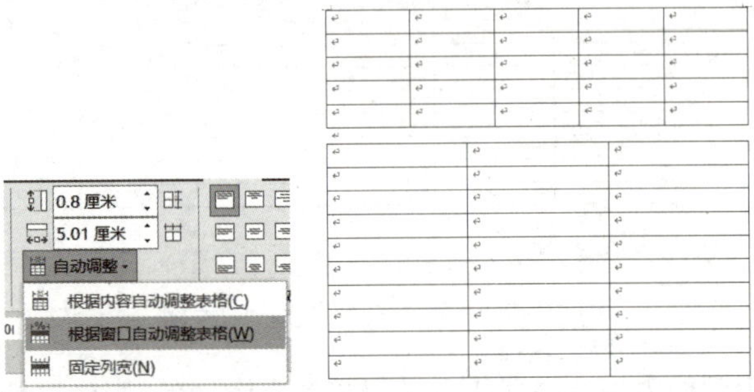

图 3-30 “根据窗口自动调整表格”后的效果

（7）将鼠标指针移向“下表”第 1 列右框线，当鼠标指针变成“←||→”样式时，往左拖动到适当位置，按同样的方法，将第 2 列右框线拖到适当位置，最终效果如图 3-31 所示。

（8）按图 3-32 所示对“下表”进行单元格合并：选择“下表”第 1 列第 1、2 行单元格，单击“表格工具/布局”→“合并”→“合并单元格”按钮；按同样的方法合并第 1 列第 4、5、6 行为一个单元格，合并第 1 列第 8、9、10 行为一个单元格；合并第 2 列第 2、3、4 行为一个单元格，合并第 2 列第 6、7、8 行为一个单元格；合并第 1 行第 2、3 列为一个单元格，第 5 行第 2、3 列为一个单元格，第 9 行第 2、3 列为一个单元格，第 10 行第 2、3 列为一个单元格。合并第 3 列第 2、3、4 行为一个单元格，第 6、7、8 行为一个单元格。

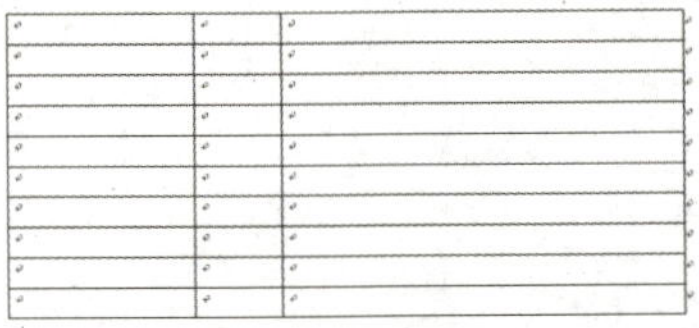

图 3-31 “下表”列宽调整后的效果

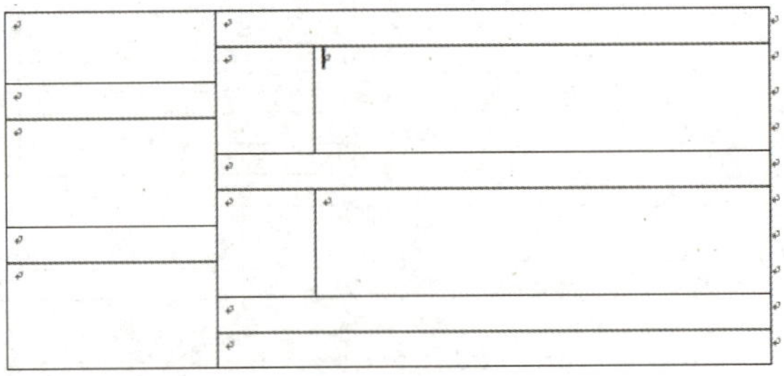

图 3-32 “下表”单元格合并后的效果

（9）按照图 3-33 所示在相应单元格内输入文字，然后将光标置于“下表”第一个单元格，单击“插入”→“插图”→“图片”按钮，选择一张照片插入表格内，并适当缩小照片。

（10）选择“李明”，设置格式为宋体、二号、加粗、分散对齐；选择“下表”各栏的标题“兴趣爱好”“个性特点”等，格式设置为幼圆、小四号、加粗、靠下左对齐，并适当调整“下表”各项高度，使之占据整个页面。

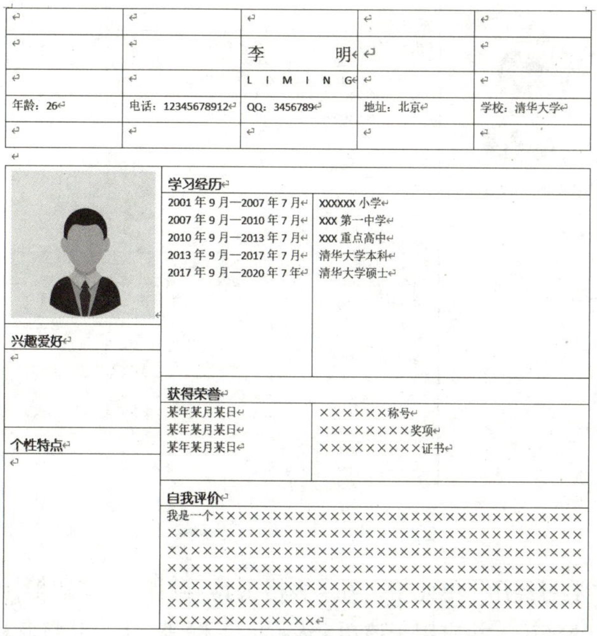

图 3-33　在表格中输入数据并设置格式

（11）设置“上表”的边框和底纹。

① 选择整个“上表”，单击“表格工具/设计”→“边框”下拉按钮，选择“无框线”选项。

② 将光标置于“李明”所在单元格，在“表格工具/设计”→“边框”组中，“笔样式”设置为“实线”“0.5 磅”“橙色”，单击“表格工具/设计”→“边框”下拉按钮，选择“外侧框线”选项。

③ 选中第 4 行，选择“边框”下拉列表中的“内部竖框线”选项，右击第四行弹出快捷菜单，选择“表格属性”选项，弹出“表格属性”对话框，在“行”选项卡中将第 4 行的行高设置为“0.6 厘米”。

④ 选择整个“上表”，单击“表格工具/设计”→“表格样式”→“底纹”下拉按钮，在下拉列表中选择“黑色”，最终效果如图 3-34 所示。

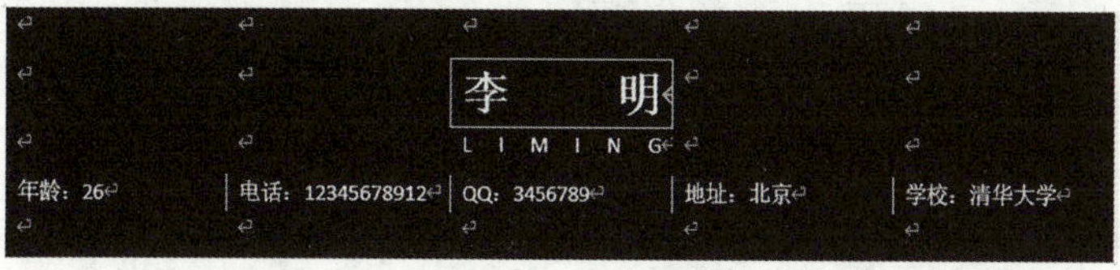

图 3-34　为“上表”设置边框与底纹

（12）设置“下表”边框。

① 按照图 3-35 所示，设置下表边框。选择整个“下表”，单击“表格工具/设计”→“边框”下拉按钮，在下拉菜单中选择“边框和底纹”选项，在弹出的“边框和底纹”对话框中，选择“外侧框线”选项；再将相应单元格的内部竖线、下框线取消。

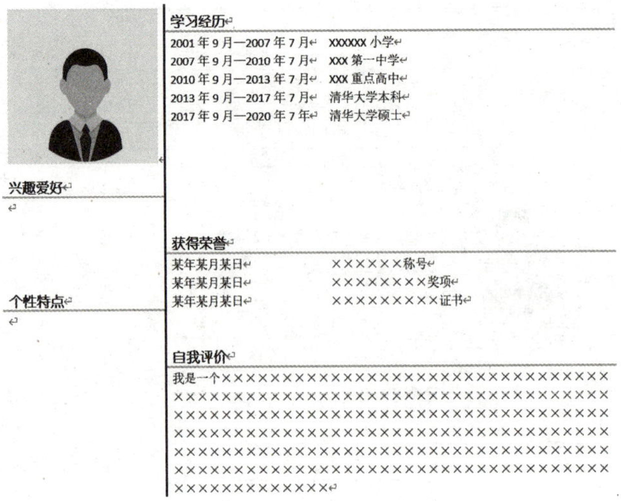

图 3-35　“下表”边框设计

② 将光标置于“学习经历”单元格，在“表格工具/设计”→“边框”组中，设置“笔样式”为“实线”“2.25 磅”“橙色”，并应用于该单元格的“下框线”上，并将此种线条分别应用于“学习经历”“获得荣誉”“自我评价”“兴趣爱好”“个性特点”各标题单元格的下框线上。

③ 在“表格工具/设计”→“边框”组中，将“笔样式”设置为“实线”“2.25 磅”，笔颜色设置为“自动”，直接使用“边框刷”的绘图笔，描出表格中间的那条竖线。

（13）设置页面边框。将光标置于当前页面，单击“设计”→“页面背景”→“页面边框”按钮，在打开的“边框和底纹”对话框中，按图 3-36 所示进行设置，最终效果如图 3-37 所示。

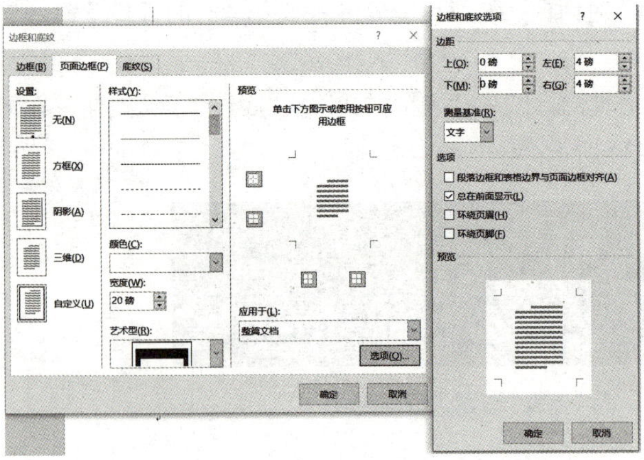

图 3-36　页面边框设置

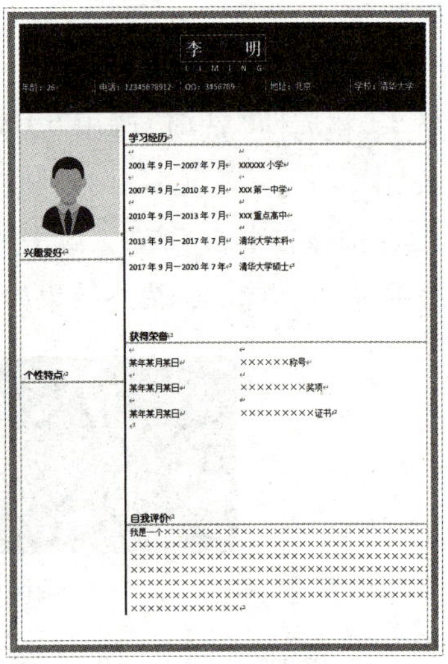

图 3-37　个人简历效果图

三、实验任务

【任务】 使用 Word 2016 提供的简历模板设计个人简历。

实验 3-3　图文混排

一、实验目的

（1）掌握在 Word 文档中图形和图片的插入、编辑、格式设置。

（2）掌握形状绘制、编辑，以及 SmartArt 图形的插入与格式设置。

（3）掌握文本框、艺术字的使用和编辑。

（4）学会在 Word 中插入图表的方法。

二、实验示例

例 3-6 使用“计算机系统的工作原理.docx”与图片素材文件，通过使用图文混排设置，设计文档的最终效果如图 3-38 所示。

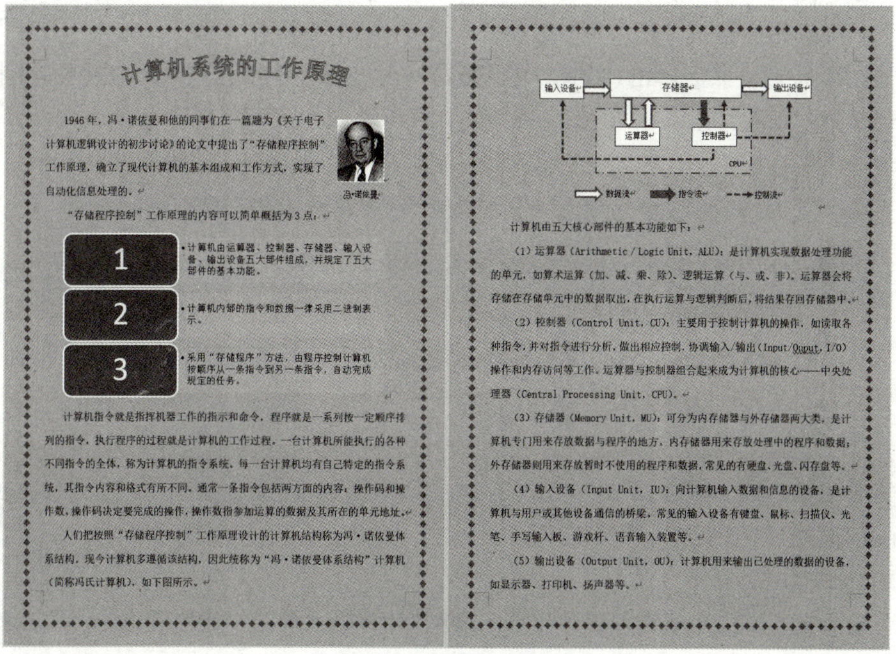
计算机系统的工作原理

1946 年，冯·诺依曼和他的同事们在一篇题为《关于电子计算机逻辑设计的初步讨论》的论文中提出了“存储程序控制”工作原理，确立了现代计算机的基本组成和工作方式，实现了自动化信息处理的。

冯·诺依曼

“存储程序控制”工作原理的内容可以简单概括为 3 点：

1 ·计算机由运算器、控制器、存储器、输入设备、输出设备五大部件组成，并规定了五大部件的基本功能。

2 ·计算机内部的指令和数据一律采用二进制表示。

3 ·采用“存储程序”方法，由程序控制计算机按顺序从一条指令到另一条指令，自动完成规定的任务。

计算机指令就是指挥机器工作的指示和命令，程序就是一系列按一定顺序排列的指令，执行程序的过程就是计算机的工作过程。一台计算机所能执行的各种不同指令的全体，称为计算机的指令系统。每一台计算机均有自己特定的指令系统，其指令内容和格式有所不同。通常一条指令包括两方面的内容：操作码和操作数。操作码决定要完成的操作，操作数指参加运算的数据及其所在的单元地址。

人们把按照“存储程序控制”工作原理设计的计算机结构称为冯·诺依曼体系结构。现今计算机多遵循该结构，因此统称为“冯·诺依曼体系结构”计算机（简称冯氏计算机），如下图所示。

计算机由五大核心部件的基本功能如下：

（1）运算器（Arithmetic / Logic Unit，ALU）：是计算机实现数据处理功能的单元，如算术运算（加、减、乘、除）、逻辑运算（与、或、非）。运算器会将存储在存储单元中的数据取出，在执行运算与逻辑判断后，将结果存回存储器中。

（2）控制器（Control Unit，CU）：主要用于控制计算机的操作，如读取各种指令，并对指令进行分析，做出相应控制，协调输入/输出（Input/Ouput，I/O）操作和内存访问等工作。运算器与控制器组合起来成为计算机的核心——中央处理器（Central Processing Unit，CPU）。

（3）存储器（Memory Unit，MU）：可分为内存储器与外存储器两大类，是计算机专门用来存放数据与程序的地方，内存储器用来存放处理中的程序和数据；外存储器则用来存放暂时不使用的程序和数据，常见的有硬盘、光盘、闪存盘等。

（4）输入设备（Input Unit，IU）：向计算机输入数据和信息的设备，是计算机与用户或其他设备通信的桥梁。常见的输入设备有键盘、鼠标、扫描仪、光笔、手写输入板、游戏杆、语音输入装置等。

（5）输出设备（Output Unit，OU）：计算机用来输出已处理的数据的设备，如显示器、打印机、扬声器等。

图 3-38　图文混排文件效果

具体操作步骤如下。

（1）新建文档，设置页边距与页面边框。新建一个 Word 文件，选择“布局”→“页面设置”→“页边距”→“中等”选项，设置页面页边距。选择“设计”→“页面背景”→“页面边框”选项，打开“边框和底纹”对话框，选择一种艺术型边框，如图 3-39 所示，单击“确定”按钮，返回页面。选择“设计”→“页面背景”→“页面颜色”选项，在下拉列表中选择一种颜色，如“水绿色，个性色 5，单色 60%”，如图 3-40 所示。单击“文件”→“保存”按钮，在弹出的对话框中设置文档名为“图文混排”，将文档保存。

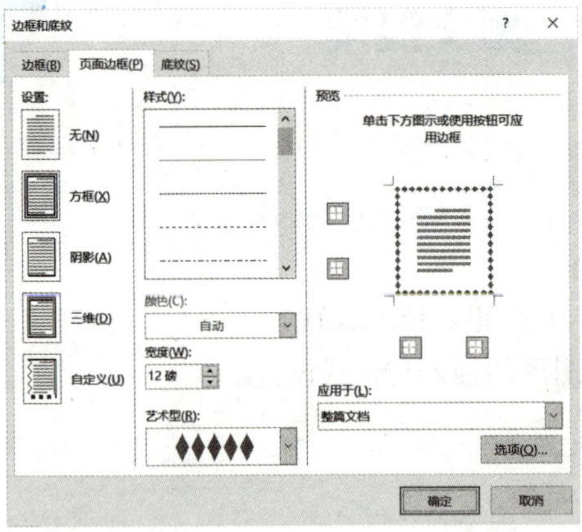

图 3-39　页面边框设置

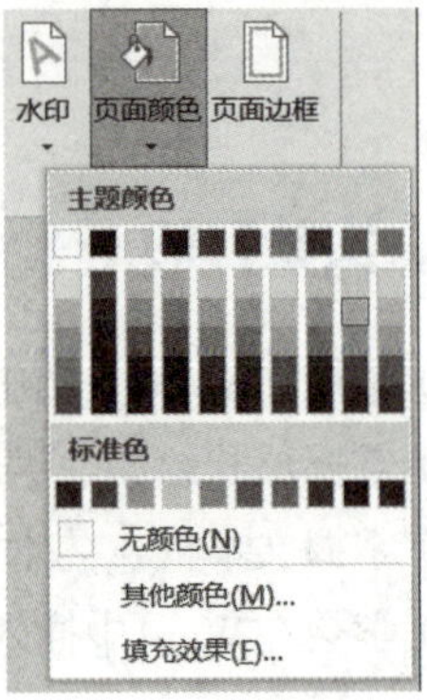

图 3-40　页面颜色设置

（2）插入艺术型标题文字。在文档中输入多个空行，将光标置于第一行，单击“插入”→“文本”→“艺术字”下拉按钮，选择第 1 排第 3 个艺术字样式，如图 3-41 所示。选中艺术字后输入标题文字“计算机系统的工作原理”，单击“绘图工具/格式”→“排列”→“环绕文字”下拉按钮，选择“嵌入型”选项，鼠标定位在艺术字所在行，单击“开始”→“段落”→“居中”按钮。然后单击“绘图工具/格式”→“艺术字样式”→“文本效果”下拉按钮，选择“转换”→“跟随路径”→“拱形”，如图 3-42 所示。

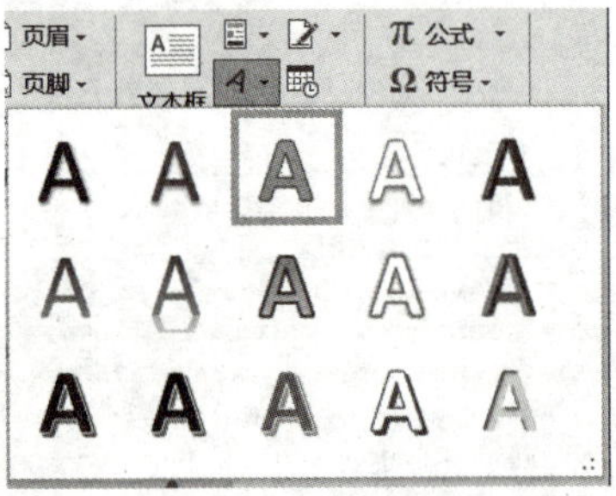

图 3-41　插入艺术字

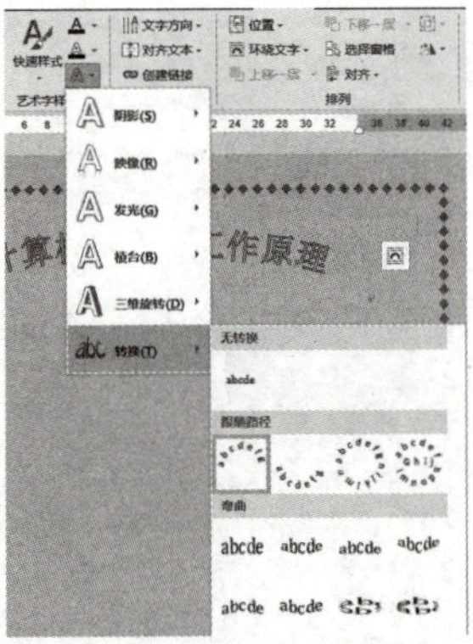

图 3-42　设置艺术字效果

（3）输入文本。从文档的第二行开始，输入“计算机系统的工作原理.docx”素材文件中的文字，并设置字体为“宋体”、字号为“四号”。

（4）插入文本框和图片。将光标置于第 1 段下面一行，单击“插入”→“文本”→“文本框”→“简单文本框”按钮，在文档中出现新插入的文本框。选中并删除文本框中的文字。将鼠标定位在文本框内，单击“插入”→“插图”→“图片”按钮，选择“此设备”选项，在打开的“插入图片”对话框中找到图片文件“冯诺 · 依曼.jpg”，单击“插入”按钮，将图片插入文本框中。鼠标定位在图片后按“Enter”键另起一行，输入文字“冯 · 诺依曼”。选中文本框，单击“绘图工具/格式”→“排列”→“环绕文字”→“四周型”按钮。单击“绘图工具/格式”→“形状样式”→“形状填充”→“无填充”按钮。单击“绘图工具/格式”→“形状样式”→“形状轮廓”→“无轮廓”按钮。鼠标拖动文本框到合适位置，拖动文本框四周的控制点，调整文本框的大小。最终效果如图 3-43 所示。

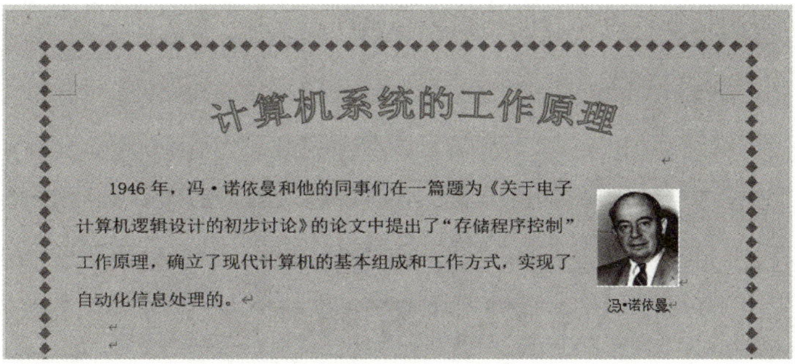

图 3-43　在文档中输入文本框

（5）插入 SmartArt 图形。在"'存储程序控制'工作原理的内容可以简单概括为 3 点："下面一行，单击"插入"→"插图"→"SmartArt"按钮，在打开的"选择 SmartArt 图形"对话框中选择"列表"类别中的"垂直块列表"选项，如图 3-44 所示，并输入如图 3-45 所示文字，缩放图形。

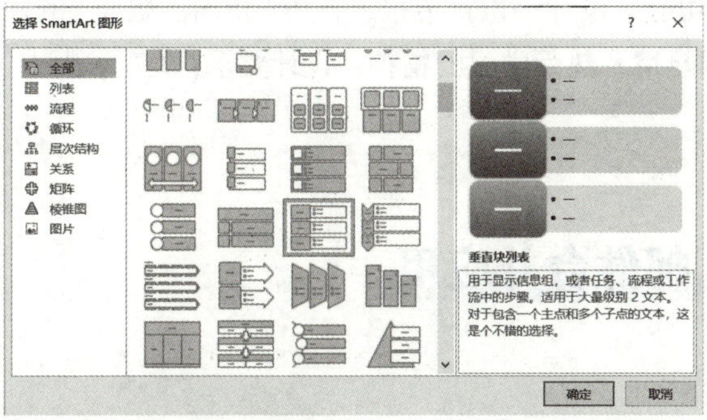

图 3-44　"选择 SmartArt 图形"对话框

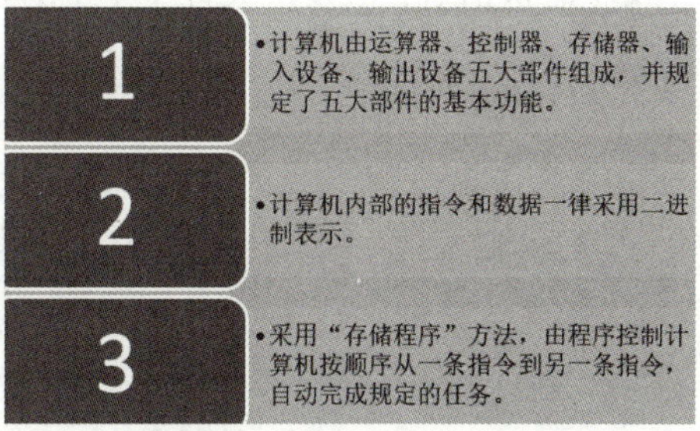

图 3-45　编辑 SmartArt 图形

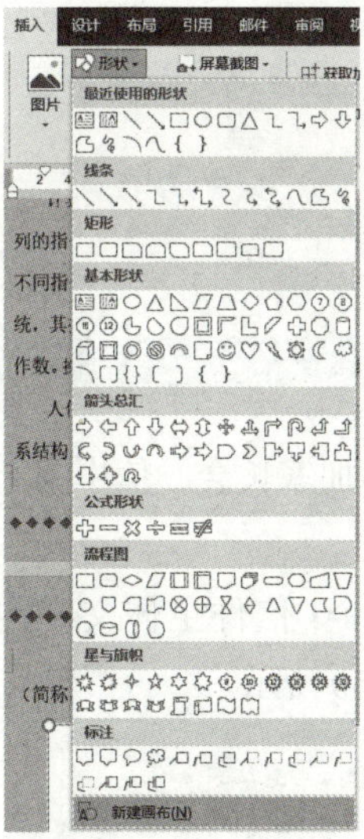

图 3-46　新建画布

（6）使用绘图画布。在"（简称冯氏计算机），如下图所示。"后另起一行，单击"插入"→"插图"→"形状"下拉按钮，选择"新建绘图画布"选项，如图 3-46 所示。右击画布弹出快捷菜单，选择"设置画布格式"选项，在右侧出现的"设置形状格式"窗格中设置画布无填充、无线条，如图 3-47 所示。

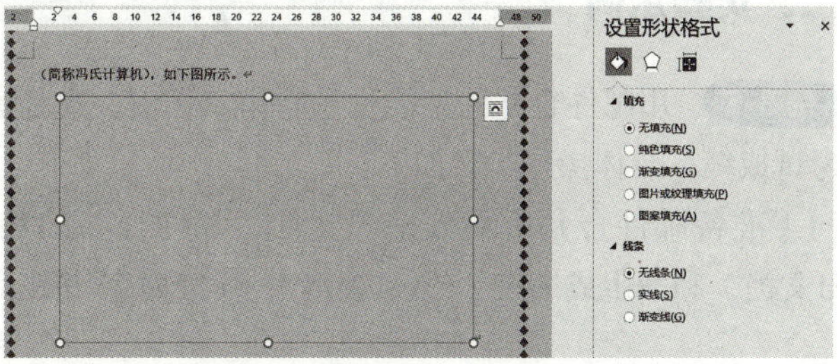

图 3-47　设置画布无填充、无线条

（7）使用形状画图。通过"绘图工具/格式"→"插入形状"组中的工具，按照图 3-48 所示效果，在画布中绘制文本框、箭头、线条、矩形等图形，通过"绘图工具/格式"功能区及"设置形状格式”窗格中调整形状填充与形状轮廓等属性。

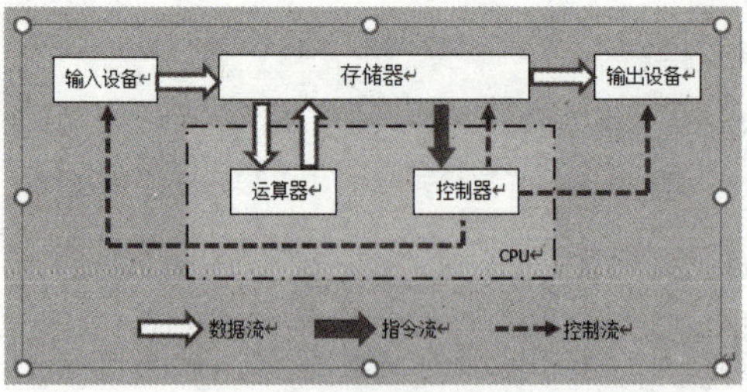

图 3-48　使用形状画图的效果

三、实验任务

【任务一】 请使用Word编排一份以“感恩的心”为主题的板报，要求应用文本框、形状、图片、艺术字、SmartArt图形等元素，设计符合大众审美，有意义，有内涵。

【任务二】 请使用Word提供的图文混排功能，设计一份宣传报，宣传“爱国、敬业”的社会主义核心价值观，激发广大青年学生的爱国热情及热爱学习的精神。设计要求：美观、大方、有内涵。

实验 3-4　邮件合并应用

一、实验目的

（1）熟悉邮件合并的类型。

（2）掌握邮件合并的一般步骤。

（3）掌握编写和插入域的方法。

（4）能熟练利用邮件合并功能批量制作和处理文档。

二、实验示例

例 3-7　用邮件合并的功能批量制作家长信，邀请家长来学校参加家长会，信中附上学生的考试成绩。具体操作步骤如下。

（1）准备邮件合并所用数据源文件。邮件合并的数据源需要两个：信件主体文字内容（Word文档）和学生成绩表（Excel表格），详细内容如图 3-49、图 3-50 所示。

家长会通知

尊敬的学生家长：

您好！首先感谢您对学校工作的信任、理解和大力支持。

为了使您全面了解孩子在校的学习情况及行为表现，我校准备 1 月 10 日上午 8:30 在学校教学楼 405 室召开家长会，望您准时参加。

祝身体健康，万事如意！

第一中学

2021 年 1 月 4 日

期中考试成绩报告单

姓　名				学　号		
科目	语文	数学	英语	物理	化学	总分
成绩						
班级平均分	93.92	95.28	90.81	87.87	75.09	

图 3-49　信件主体文字

	A	B	C	D	E	F	G	H	I
1	学号	姓名	语文	数学	英语	物理	化学	总分	总分排名
2	A2001001	李明	98.70	87.90	84.50	93.80	76.20	441.10	14
3	A2001002	郑涛	98.30	112.20	88.00	96.60	78.60	473.70	3
4	A2001003	张三小	90.40	103.60	95.30	93.80	72.30	455.40	6
5	A2001004	李四	86.40	94.80	94.70	93.50	84.50	453.90	7
6	A2001005	薛平雄	98.70	108.80	87.90	96.70	75.80	467.90	4
7	A2001006	孙红	91.00	105.00	94.00	75.90	77.90	443.80	10
8	A2001007	周军	107.90	95.90	90.90	95.60	89.60	479.90	2
9	A2001008	杜晓刚	80.80	92.00	96.20	73.60	68.90	411.50	18
10	A2001009	刘小红	105.70	81.20	94.50	96.80	63.70	441.90	13
11	A2001010	马超	89.60	80.10	77.90	76.90	80.50	405.00	19
12	A2001011	唐勇存	92.40	104.30	91.80	94.10	75.30	457.90	5
13	A2001012	郭雪	93.30	83.20	93.50	78.30	67.60	415.90	17
14	A2001013	李丽	98.70	91.90	91.20	78.80	81.60	442.20	12
15	A2001014	侯常	86.40	111.20	94.00	92.70	61.60	445.90	9
16	A2001015	宋明堂	94.10	91.60	98.70	86.10	79.70	450.20	8
17	A2001016	刘萌萌	105.20	89.70	93.90	84.00	62.20	435.00	15
18	A2001017	马小军	75.60	81.80	78.20	76.10	71.50	383.20	20
19	A2001018	郑媛媛	96.20	95.90	88.20	85.70	76.80	442.80	11
20	A2001019	马子军	99.30	108.90	91.40	97.60	91.00	488.20	1
21	A2001020	陈月月	89.60	85.50	91.30	90.70	66.40	423.50	16
22	平均分		93.92	95.28	90.81	87.87	75.09	442.95	

图 3-50　学生成绩表

（2）制作“家长信.docx”主文档。

① 新建一个 Word 文档，并设置其纸张大小为 B5，其上、左、右边距为 2.5 cm，下边距为 2 cm，保存为“家长信.docx”。

② 按图 3-49 所示输入正文所有内容，包括表格。设置标题字体格式：三号、宋体、加粗、黑色；正文文字字体格式：宋体、小四、黑色、1.5 倍行间距；祝福语文字字体格式：华文行楷、四号、黑色；表格标题：楷体、四号、黑色、加粗；表格内文字：宋体、五号、居中对齐。从“学生成绩表.xlsx”文件中，复制最后一行 6 门课的平均分，粘贴到主文档“期中考试成绩报告单”表格的“班级平均分”单元格后连续 6 个单元格。

（3）邮件合并。

① 在“家长信.docx”主文档中，单击“邮件”→“开始邮件合并”→“开始邮件合并”下拉按钮，在下拉菜单中选择“信函”，如图 3-51 所示。

② 关联数据源。单击“选择收件人”下拉按钮，选择“使用现有列表”选项，如图 3-52 所示，在打开的“选取数据源”对话框中，选择“学生成绩表.xlsx”文件，单击“打开”按钮，弹出“选择表格”对话框，保持“默认”选项，单击“确定”按钮，返回主文档。

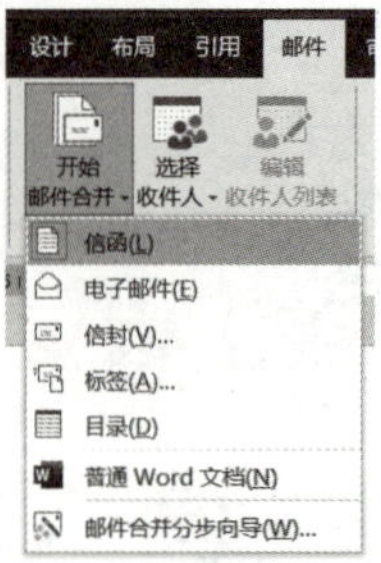

图 3-51 “开始邮件合并”下拉列表

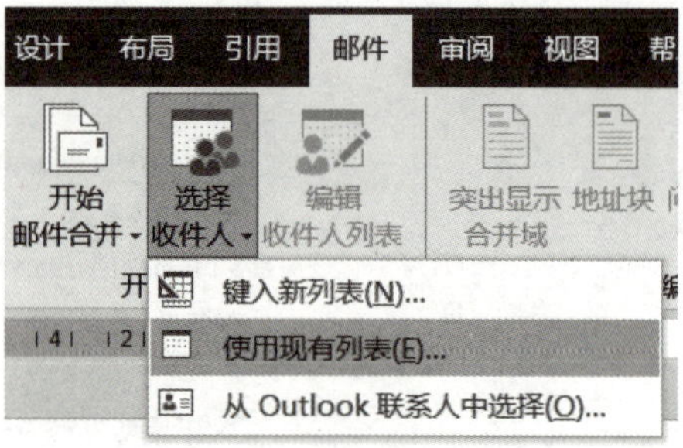

图 3-52 “选择收件人”下拉列表

③ 插入字段域。将光标定位于正文第一行“尊敬的”之后，单击“邮件”→“编写和插入域”→“插入合并域”下拉按钮，在下拉菜单中选择“姓名”选项，如图 3-53 所示，此时，在“尊敬的”之后插入了“<<姓名>>”字段域，如图 3-54 所示。

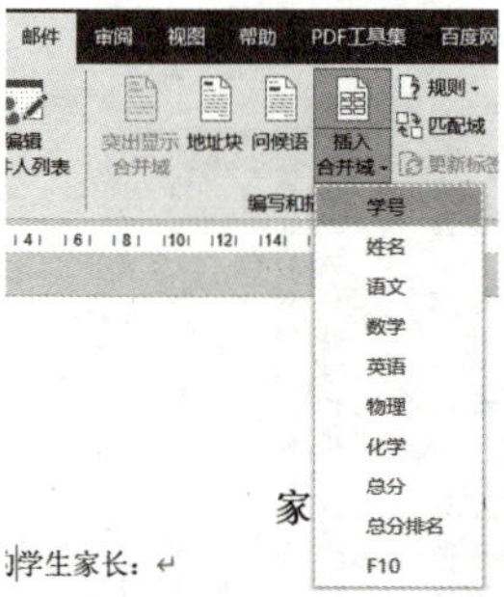

图 3-53 选择字段域

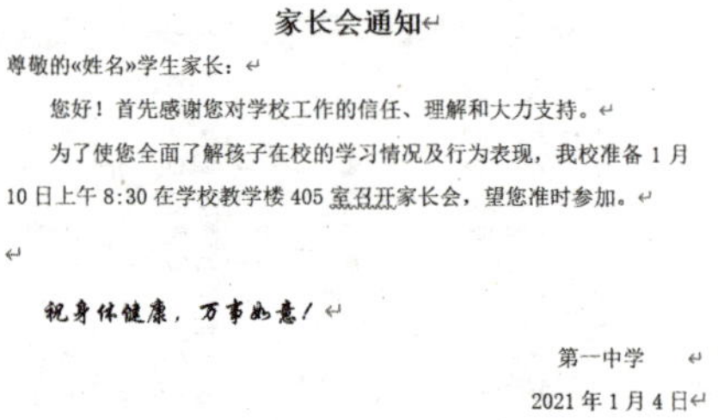

图 3-54 插入字段域

④ 将所有成绩保留至两位小数。将光标置于正文最后的表格的“姓名”单元格后面一格，按同样的方法插入“姓名”字段域；“学号”单元格后面一格，按同样的方法插入“学号”字段域；在“语文”单元格正下方单元格插入“语文”字段域，右击出现的“<<语文>>”字段域，在弹出的快捷菜单中选择“编辑域”选项，在打开的“域”对话框中，单击左下角的“域代码”按钮，并单击“选项”按钮，在“域选项”对话框选择“域专用开关”选项卡，在下方的“域代码”文本框原有的代码后面添加“\#0.00”，如图 3-55 所示，单击“确定”按钮。表格中所有成绩均按此方法保留两位小数。

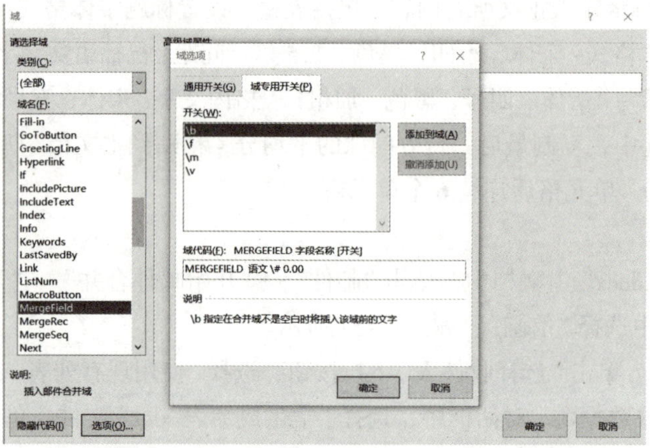

图 3-55 编辑字段域显示格式

⑤ 在“邮件”功能区中单击“预览结果”按钮，可在主文档中看到第一位学生的家长会通知，单击“预览结果”中的左右箭头，可以逐条记录查看。

⑥ 单击“邮件”→“完成”→“完成并合并”下拉按钮，选择“编辑单个文档”选项，打开“合并到新文档”对话框，选择“全部”选项，如图 3-56 所示，单击“确定”按钮，则生成“信函 1.docx”，此文档由主文档关联了数据源之后批量生成，最终效果如图 3-57 所示。

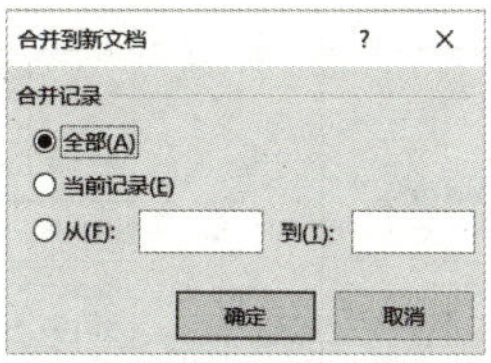

图 3-56 “合并到新文档”对话框

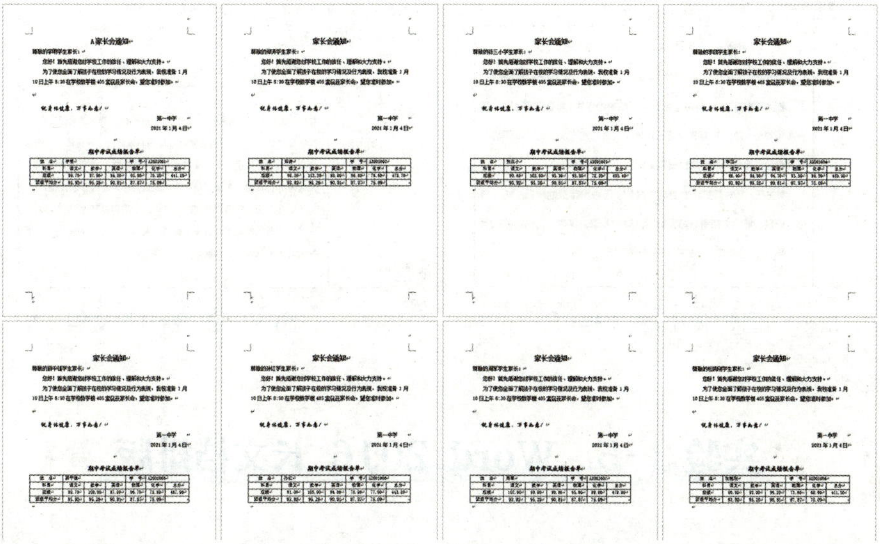

图 3-57 邮件合并后批量文件效果

三、实验任务

【任务】 使用邮件合并功能，批量生成准考证。

（1）主文档要求，如图 3-58 所示。

① 插入一个 9 行 5 列的表格，整个表格水平、垂直方向均位于页面的中间。

② 表格宽度根据页面自动调整。

③ 表格内所有字体为微软雅黑，表格内第一行字号为四号，字符间距加宽 2 磅。“考生须知”四字竖排，按最终效果图设置表格内文字的对齐方式。

（2）邮件合并要求。

① 将主文档表格内的红色文字替换为相应的考生信息，考生信息保存在“考生信息.xlsx”中。

② 表格第一行标题中的“考试级别”根据考生所报科目自动生成：“考试科目”为“高级会计实务”，“考试级别”为“高级”，否则为“中级”。

③ 在考试时间栏中，使中级3个科目名称均等宽占用6个字符宽度。（提示：用中文版式中的调整宽度命令。）

④ 在“贴照片处”插入考生照片。

⑤ 最终效果如图3-59所示，分别保存主文档、邮件合并生成文档。

2018年度全国会计专业技术考试级别资格考试 准考证		
准考证号	准考证号	贴照片处
考生姓名	考生姓名	
证件号码	证件号码	
考试科目	考试科目	
考试地点	考试地点	
考试时间	中级	财务管理：9月10日 9:00~11:30 经济法：9月10日 14:00~16:30 中级会计实务：9月11日 9:00~12:00
	高级	9月11日 9:00~12:30
考生须知	1. 准考证正面和背面均不得额外书写任何文字，背面必须保持空白。 2. 考试开始前20分钟考生凭准考证和有效证件（身份证等）进入规定考场对号入座，并将准考证和有效证件放在考桌左上角，以便监考人员查验。考试开始指令发出后，考生才可开始答卷。 3. 考生在入场时除携带必要的文具外，不准携带其他物品（如：书籍、资料、笔记本和自备草稿纸以及具有收录、储存、记忆功能的电子工具等），已携带入场的应按指定位置存放。	

图3-58　主文档

2018年度全国会计专业技术中级资格考试 准考证		
准考证号	1041111501103	
考生姓名	徐××	
证件号码	46002719870406××××	
考试科目	经济法	
考试地点	北京交通大学主校区思源西楼	
考试时间	中级	财务管理：9月10日 9:00~11:30 经济法：9月10日 14:00~16:30 中级会计实务：9月11日 9:00~12:00
	高级	9月11日 9:00~12:30
考生须知	1.准考证正面和背面均不得额外书写任何文字，背面必须保持空白。 2. 考试开始前20分钟考生凭准考证和有效证件（身份证等）进入规定考场对号入座，并将准考证和有效证件放在考桌左上角，以便监考人员查验，考试开始指令发出后，考生才可开始答卷。 3. 考生在入场时除携带必要的文具外，不准携带其他物品（如：书籍、资料、笔记本和自备草稿纸以及具有收录、存储、记忆功能的电子工具等），已携带入场的应按指定位置存放。	

图3-59　合并后文档

实验3-5　Word 2016 长文档排版

一、实验目的

（1）熟练掌握文本字体、段落格式设置。

（2）熟练掌握样式的修改与应用。

（3）掌握页面设置的方法。

（4）掌握在文档中添加引用内容的方法。

（5）熟悉文档分页、分节、添加页眉页脚、插入文档部件的方法。

二、实验示例

例3-8 论文撰写格式要求见表3-1所示，具体如下。

（1）论文页面布局。用A4纸印刷，双面对称打印，上边距、左边距2.5 cm，下边距、右边距2 cm，左侧预留1 cm装订线，每页30行，每行40字，页眉页脚距边界分别为1.5 cm、1.5 cm，每一章从新的一页开始。

（2）论文各级标题添加可以自动更新的多级编号。

表 3-1　论文撰写格式要求

标题级别	格式要求
标题 1（章）	编号格式：第一章、第二章、第三章… 摘要、英文摘要、目录、参考文献不设编号 编号与标题内容之间用空格分隔 编号居中对齐 格式要求：中文黑体、英文 Times New Roman、小二号、不加粗 段前段后各 1 行，行距最小值 12 磅，居中对齐
标题 2（节）	编号格式：1.1、1.2、1.3… 根据标题 1 重新开始编号 编号与标题内容之间用空格分隔 编号对齐左侧页边距 格式要求：中文黑体、英文 Times New Roman、小三号、不加粗 段前段后各 0.5 行，行距最小值 15 磅，左对齐
标题 3（节）	编号格式：1.1.1、1.1.2、1.1.3… 根据标题 2 重新开始编号 编号与标题内容之间用空格分隔 编号对齐左侧页边距 格式要求：中文黑体、英文 Times New Roman、小四号、不加粗 段前 12 磅，段后 6 磅，行距最小值 12 磅，左对齐
正文	格式要求：中文宋体、英文 Times New Roman、小四号、首行缩进 2 字符、行距最小值 20 磅、两端对齐

（3）论文中的表格要求使用三线表，表格内字体为宋体、五号、无缩进。表格标题使用题注自动编号，置于表格的上方，见表 1.1、表 1.2、表 2.1、表 2.2…；论文中插入的图片使用题注自动编号，置于图片下方，如图 1.1、图 1.2、图 2.1、图 2.2…；表名、图名字体为黑体、五号、居中对齐。

（4）页眉与页脚。

① 在页面顶端正中插入页眉，奇数页：目录、摘要页眉显示“目录”“摘要”，正文页眉为各章编号和内容，如“第一章绪论”，且页眉中各章编号和内容随着正文中内容的变化而自动更新。偶数页：所有页眉显示“论文”。

② 在页面底端插入页码，目录、摘要页码使用大写罗马数字居中显示。正文页码使用阿拉伯数字连续编到论文结束，奇数页页码显示在页脚右侧，偶数页页码显示在页脚左侧。

③ 页眉页脚字号为小五号。请对“论文素材.docx”文件按上面的格式要求进行排版。其中红色文字为一级标题；绿色文字为二级标题；蓝色文字为三级标题；其他为正文；当所有格式设置完成后，为论文插入自动三级目录，格式为宋体、小四号、两端对齐，一级标题无缩进、二级标题缩进 2 字符、三级标题缩进 4 字符。

具体操作步骤如下。

（1）打开 Word 文档。选定“论文素材.docx”文件，双击打开此文件。

（2）页面设置。

① 单击“页面布局”→“页面设置”组右下角的对话框启动器按钮，打开“页面设置”对话框。

② 在其“页边距”选项卡中进行如图 3-60 所示的设置，上边距与左边距为 2.5 cm，下边距与右边距为 2 cm，装订线为左侧 1 cm，“多页”选择“对称页边距”，此时的“左”“右”页边距，自动更改为“内侧”“外侧”。因当前文档只有一节，“应用于”默认“整篇文档”。

③ 选择“纸张”选项卡，选择默认的纸张“A4”。

④ 选择“版式”选项卡，设置“页眉”距边距“1.5 厘米”，“页脚”距边距“1.5 厘米”，页面“垂直对齐方式”为“顶端对齐”，其他默认。

⑤ 选择“文档网格”选项卡，按图 3-61 所示，网格选择“指定行和字符网格”选项，每行 40 个字符，行数为每页 36 行。单击“确定”按钮。

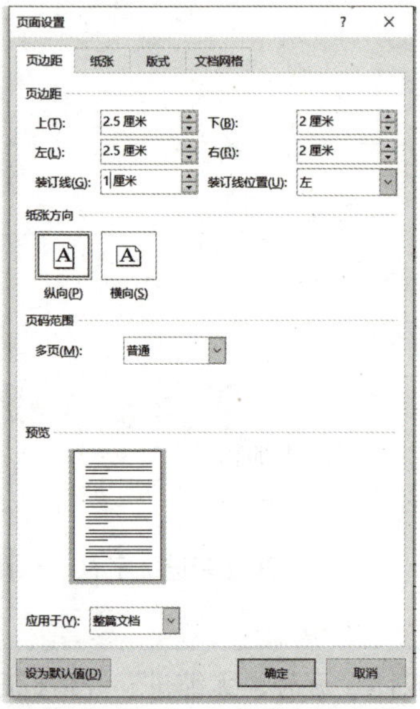

图 3-60 “页边距”选项卡

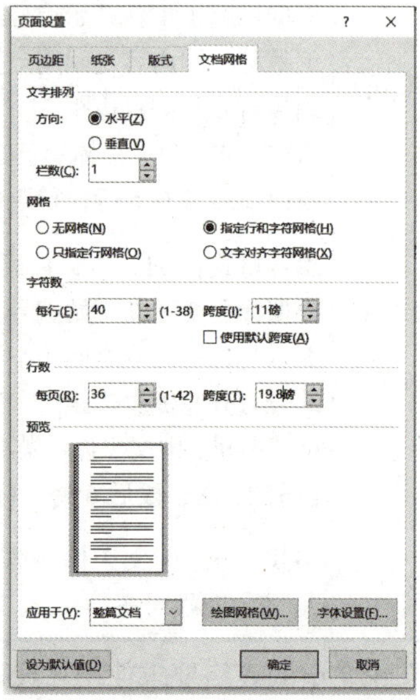

图 3-61 每页行数与每行字数设置

（3）修改正文样式并应用。

① 右击“开始”→“样式”→“正文”，在弹出的快捷菜单中选择“修改”选项，如图 3-62 所示。在打开的“修改样式”对话框中，单击左下角的“格式”下拉按钮。

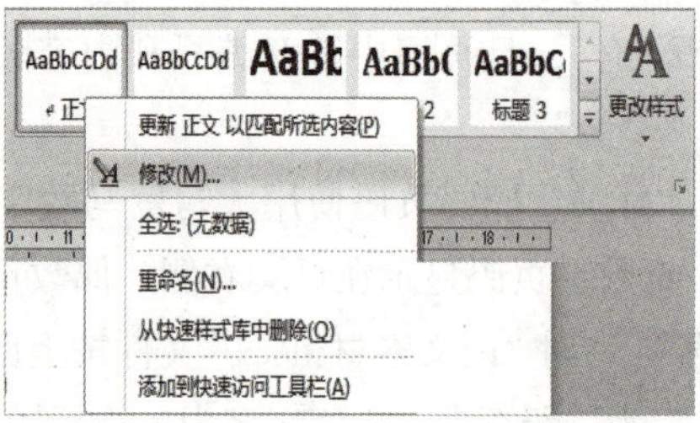

图 3-62 选择“修改”命令

② 选择“字体”，在“字体”对话框中按图 3-63 所示进行设置，中文字体为宋体，西文字体为Times New Roman，字形为常规，字号为小四。其他默认，单击“确定”按钮，返回“修改

样式”对话框。

③ 单击“格式”下拉按钮，选择“段落”，在“段落”对话框中按图 3-64 所示进行设置，单击“确定”按钮，返回“修改样式”对话框后，单击“确定”按钮。

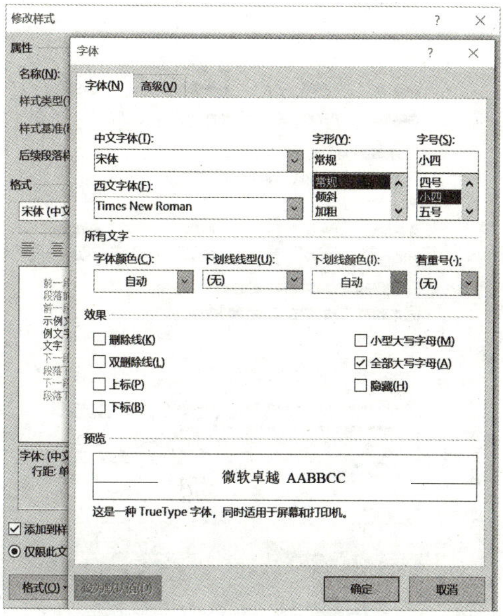

图 3-63 修改正文字体格式

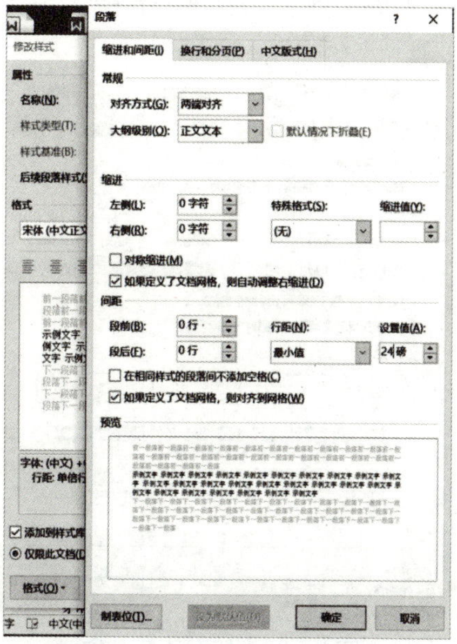

图 3-64 修改正文段落格式

（4）修改三级标题样式。

① 右击“开始”→“样式”→“标题 1”，在弹出的快捷菜单中选择“修改”选项，在打开的“修改样式”对话框中单击“格式”下拉按钮，选择“字体”，在“字体”对话框中设置中文字体为黑体，西文字体为 Times New Roman，字形为常规，字号为小二。其他默认，单击“确定”按钮，返回“修改样式”对话框。再次单击“格式”下拉按钮，选择“段落”，在“段落”对话框中按图 3-65 进行设置，段前段后各 1 行，行距最小值 12 磅，居中对齐，然后单击两个对话框的“确定”按钮。

② 右击“开始”→“样式”→“标题 2”，在弹出的快捷菜单中选择“修改”选项，在打开的“修改样式”对话框中单击“格式”下拉按钮，选择“字体”，在“字体”对话框中设置中文字体为黑体，西文字体为 Times New Roman，字形为常规，字号为小三。其他默认，单击“确定”按钮，返回“修改样式”对话框。再次单击“格式”下拉按钮，选择“段落”，在“段落”对话框中按图 3-66 进行设置，段前段后各 0.5 行，行距最小值 15 磅，左对齐，分别单击两个对话框的“确定”按钮。

③ 右击“开始”→“样式”→“标题 3”，在弹出的快捷菜单中选择“修改”选项，在打开的“修改样式”对话框中单击“格式”下拉按钮，选择“字体”，在“字体”对话框中设置中文字体为黑体，西文字体为 Times New Roman，字形为常规，字号为小四。其他默认，单击“确定”按钮，返回“修改样式”对话框。再次单击“格式”下拉按钮，选择“段落”，在“段落”对话框中设置段前 12 磅，段后 6 磅，行距最小值 12 磅，左对齐，分别单击两个对话框的“确定”按钮。

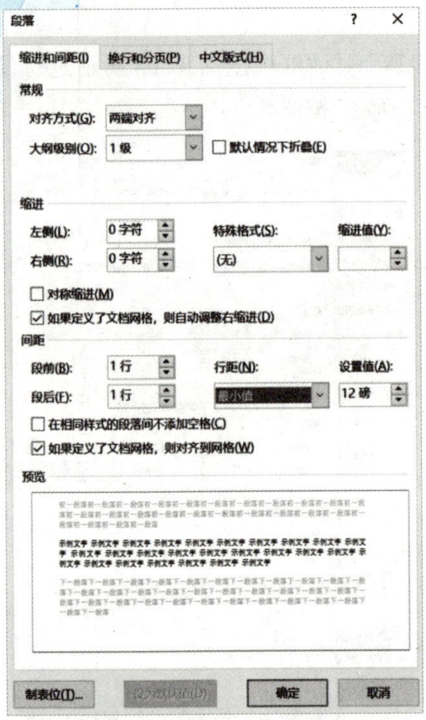

图 3-65　标题 1 段落格式

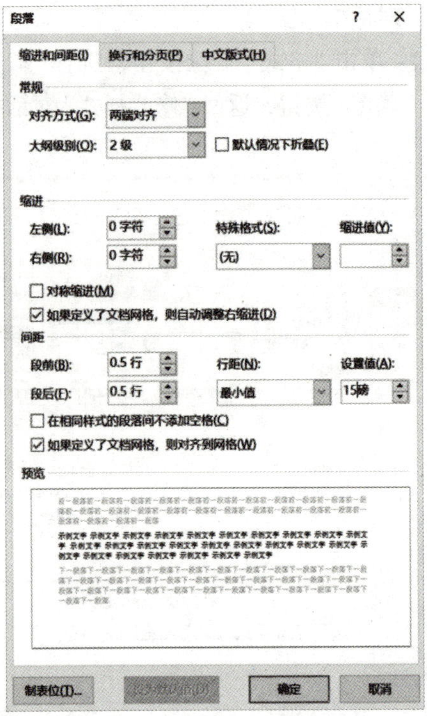

图 3-66　标题 2 段落格式

（5）定义多级列表并关联标题样式。

① 光标置于正文红色文字（一级标题）所在段落，单击“开始”→“段落”→“多级列表”下拉按钮，选择“定义新的列表样式”选项，在打开的“定义新列表样式”对话框中，单击“格式”下拉按钮，选择“编号”选项，在打开的“修改多级列表”对话框中，按图 3-67 所示进行设置。

② 选择级别“1”，将级别链接到“标题 1”样式，选择编号样式为“一,二,三，...”，输入编号格式时，在“一”的左、右两边分别输入“第”和“章”，编号对齐方式“居中”，对齐位置“0.53 厘米”，刚好显示出编号即可，文本缩进为“0 厘米”，编号之后选“空格”，如图 3-67 所示。

③ 选择级别“2”，将级别链接到“标题 2”样式，选择编号样式为“1，2，3，...”，并勾选“正规形式编号”，使输入编号的格式变为“1.1”，编号对齐方式“左对齐”，对齐位置“0 厘米”，刚好显示出编号即可，文本缩进为“0 厘米”，编号之后选“空格”，如图 3-68 所示。

④ 选择级别“3”，将级别链接到“标题 3”样式，选择编号样式为“1，2，3，...”，并勾选“正规形式编号”，使输入编号的格式变为“1.1.1”，编号对齐方式“左对齐”，对齐位置“0 厘米”，刚好显示出编号即可，文本缩进为“0 厘米”，编号之后选“空格”，如图 3-69 所示。然后单击级别“1”，再单击“确定”按钮。当 3 个级别编号全部设置完后单击“确定”按钮，返回“定义新列表样式”对话框中，单击“确定”按钮。

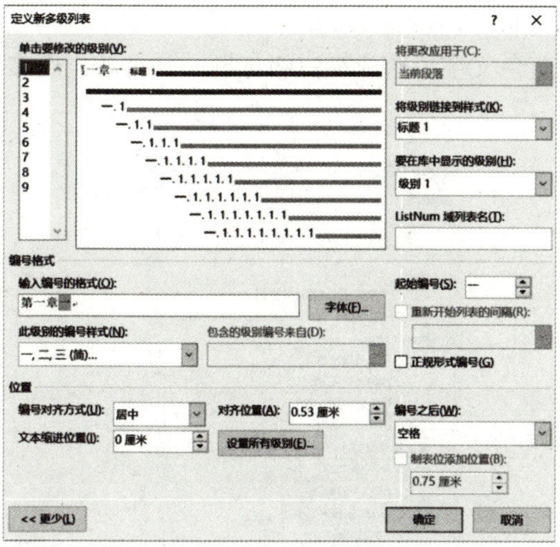

图 3-67　定义 1 级列表编号格式

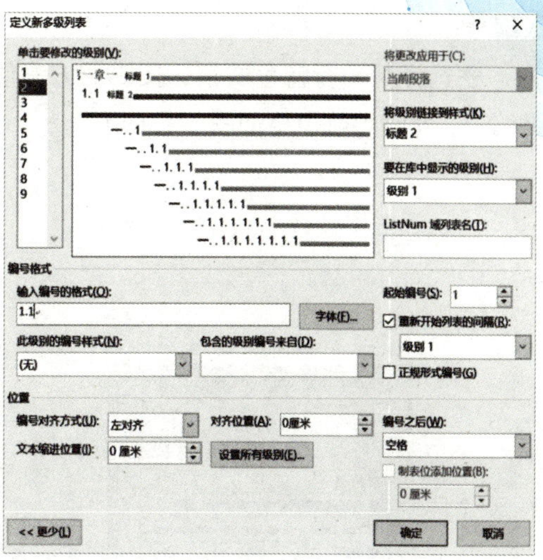

图 3-68　定义 2 级列表编号格式

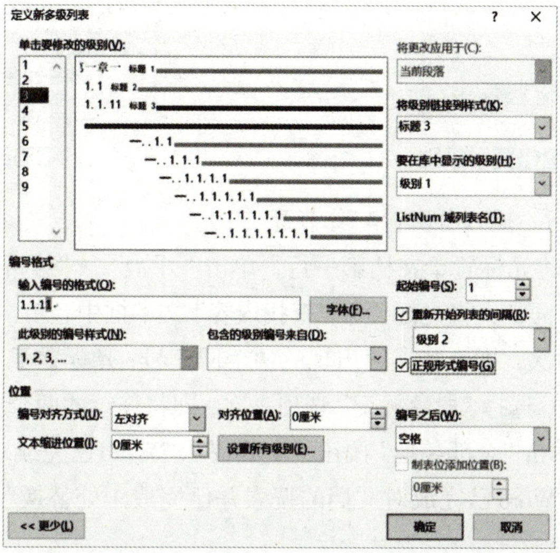

图 3-69　定义 3 级列表编号格式

（6）设计和应用标题样式。分别为红色文字应用标题 1，绿色文字应用标题 2，蓝色文字应用标题 3。

① 在素材文件中，选择某一行红色文字，单击"开始"→"编辑"→"选择"下拉按钮，选择"选定所有格式类似的文本"选项，然后单击"开始"→"样式"→"标题 1"，此时所有红色文字段落均应用了该编号的标题 1 样式。勾选"视图"→"显示"→"导航窗格"复选框，在窗口左侧出现如图 3-70 所示的各章一级标题，只是前三章与后两章不需要编号，所以，在导航窗格中单击"第一章..."，将光标置于正文窗口"目录"所在行，右击，弹出快捷菜单，选择"编号"，取消编号应用。使用同样的方法，取消"中文标题""英文标题""参考文献""致谢"的编号。此时，可看到导航窗格中前三个标题无编号，中间连续编号为"第一章到第七章"，最后两个标题无编号。

② 选择某一行绿色文字，按①的方法使所有绿色文字段落成为二级标题，并自动应用多

级编号。

③ 选择某一行蓝色文字，按①的方法使所有蓝色文字段落成为三级标题，并自动应用多级编号。此时导航窗格如图 3-71 所示。

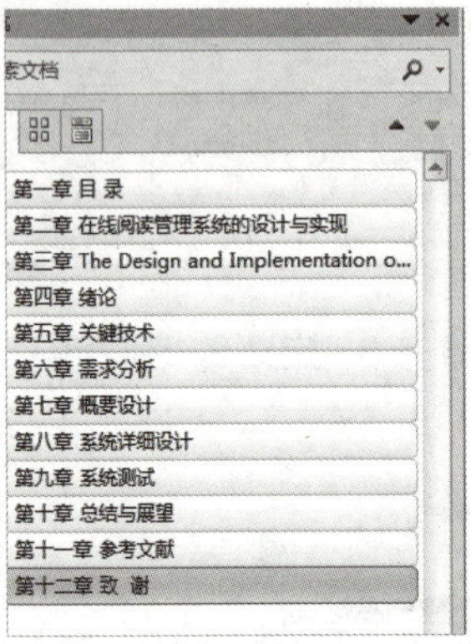

图 3-70　导航窗格显示级别

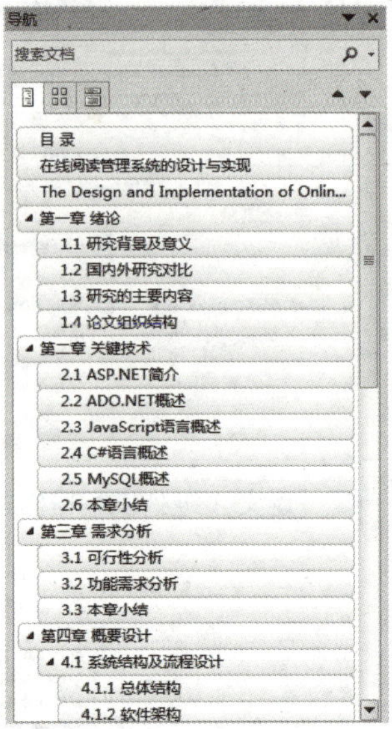

图 3-71　各章节编号与标题列表

（7）删除多余的空行，插入分页符与分节符。

① 删除多余空行。将光标置于文档第一行，单击“开始”→“编辑”→“替换”按钮，在打开的“查找和替换”对话框中，将光标置于“查找内容”文本框中，单击“特殊格式”下拉按钮，选择“段落标记”选项两次，即查找连续出现的两个回车号；光标置于“替换为”文本框中，单击“特殊格式”下拉按钮，选择“段落标记”选项一次，即将连续的两个回车号改为一个回车号，如图 3-72 所示，然后单击“全部替换”按钮，直到提示“Word 已完成对文档的搜索并已完成 0 处替换”，若每次弹出“Word 已完成对文档的搜索并已完成 1 处替换”表示文档最后有两个回车号，可手动删除。

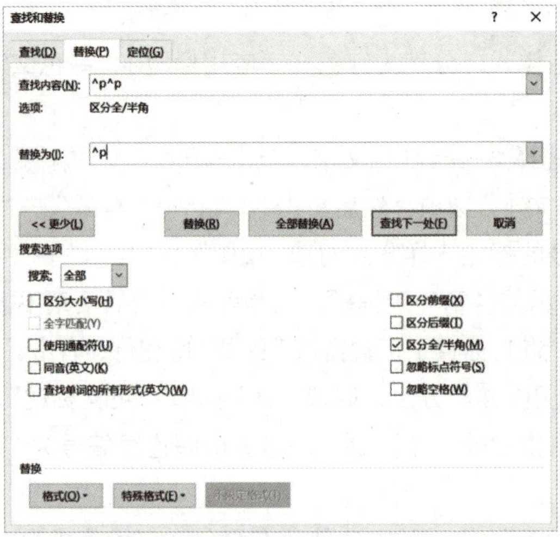

图 3-72　删除多余空行

② 插入分节符，将论文分成 3 节（目录摘要一节，第一章到第七章一节，参考文献与致谢一节，以便设置页眉）。将导航窗格打开，单击“第一章绪论”，光标置于“绪论”二字之前，单击“页面布局”→“页面设置”→“分隔符”下拉按钮，选择“分节符”栏的“下一页”选项；然后，从导航窗格中单击“参考文献”，光标置于“参考文献”之前，按同样方法插入分节符。

（8）定义三线表格式并应用。

① 定义表格内字体、段落样式（若在表格创建后应用新建的表格样式，其字体、段落的设置不起作用，可用此法补救）。单击“开始”→“样式”组的对话框启动器按钮，单击“样式”窗格左下角的“新建样式”按钮，在打开的“根据格式设置创建新样式”对话框中，“名称”改为“表格内样式”；单击左下角的“格式”下拉按钮，设置字体：中文字体为宋、西文字体为 Times New Roman，字形为常规，字号为五号；段落格式设置为无任何缩进，单倍行距。样式创建好之后，为论文所有表格应用该样式。

② 新建“三线表”样式。光标置于文档中某一个表格中，在自动出现的“表格工具/设计”选项卡中，单击“表格样式”→“其他”下拉按钮，选择“新建表样式”选项，打开“根据格式设置创建新样式”对话框，“属性”一栏“名称”改为“论文三线表”，“样式类型”为“表格”，“样式基准”为“普通表格”。“格式”一栏，“将格式应用于”选择“整个表格”，字体选择为“宋体”“五号”、取消加粗显示，“线条样式”选择“单实线”，“磅数”选择“0.5 磅”，“框线”应用于“上框线”“下框线”，“底纹”选择“无颜色”。再次，“将格式应用于”选择“标题行”，“磅数”为“0.5 磅”，“框线”应用于“下框线”，如图 3-73 所示。单击“确定”按钮，“论文三线表样式”设置完成。可使用“Ctrl”键选择表格，为论文每个表格应用该样式（第五章的表格除外）。

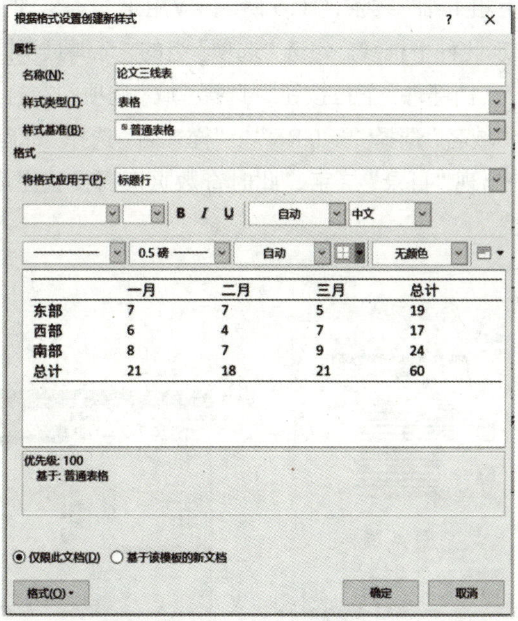

图 3-73 新建论文三线表样式

（9）为表格及图片插入题注。

① 设置题注的样式。打开“样式”窗格，单击其右下角的“选项”按钮，在打开的“样式窗格选项”对话框中，在“选择要显示的样式”下拉列表中选择“所有样式”，单击“确定”按钮。

在“样式”窗格的列表中找到“题注”样式，右击，选择“修改”选项，将“题注”的字体格式改为黑体（Times New Roman）、五号、常规；段落格式改为居中对齐、无缩进、行距最小 20 磅。

② 新建题注标签。查看文档各章，在第三章中发现有图片，则选择“图 3-1”并删除它，单击“引用”→“题注”→“插入题注”按钮，打开“题注”对话框，若“标签”列表中没有“图 3.”的格式，则单击“新建标签”按钮，输入“图 3.”的标签（如图 3-74）。单击“确定”按钮后，光标所在处自动生成“图 3.1”，并且自动应用①中设置的题注样式；然后依次在正文中删除之前手动输入的“图 3-X”字样，并单击“插入题注”按钮，自动生成题注编号。在第四章既有图又有表，因此要新建题注标签“图 4.”“表 4.”，然后，依次删除第四章的“图 4-X”字样，并单击“插入题注”按钮，“标签”用“图 4.”，自动编号，第四章的表插入题注的方法与插入图题注的方法相同。第五章修改方法同上。

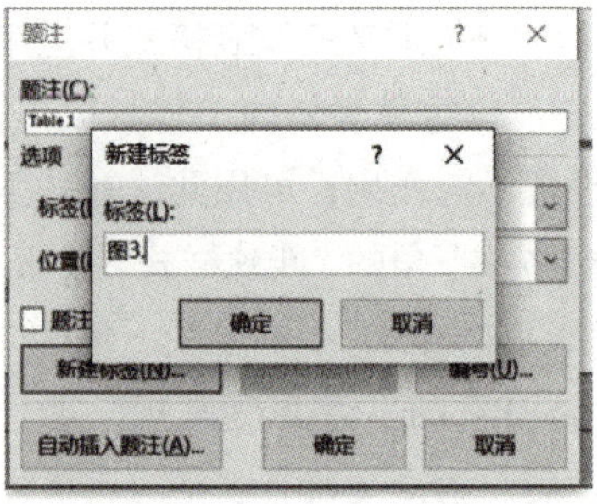

图 3-74 新建题注标签

（10）为各页插入页眉。

① 在（7）中，已经将论文分成 3 节，回到论文最前面“目录”所在页，双击“目录”页的页眉处，此时进入页眉编辑区，且显示“页眉页脚设置工具/设计”选项卡。

② 设置第 1 节页眉。选择页眉处的回车号，选择“开始”选项卡，确保其字号为“小五号”、段落居中对齐，然后单击“段落”→“边框和底纹”下拉按钮，选择“边框和底纹”选项，如图 3-75 所示，选择一条“上粗下细”线条，“1.5 磅”，应用于“段落”的下边框，单击“确定”按钮，所有页的页眉均会出现此种下框线。勾选“选项”组的“奇偶页不同”复选框，然后单击“页眉和页脚”→“插入”→“文档部件”下拉按钮，选择“域”选项，在打开的“域”对话框中，“类别”选择“链接和引用”，“域名”选择“StyleRef”，“样式名”选择“标题 1”，单击“确定”按钮，如图 3-76 所示。页眉处出现“目录”二字，此时奇数页页眉设置完成。将光标置于第 1 节偶数页页眉处，输入“论文”。

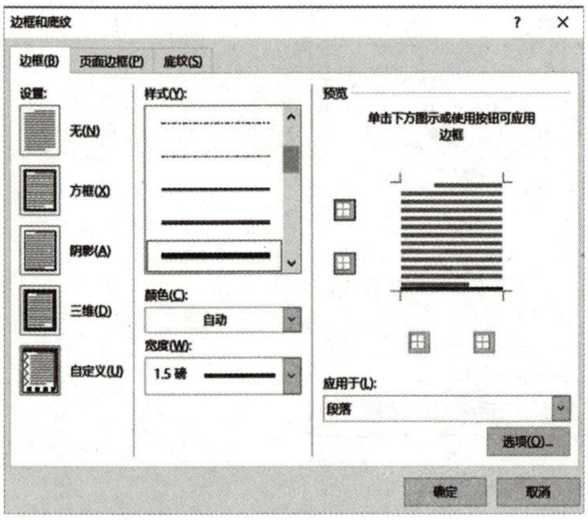

图 3-75 设置页眉下框线

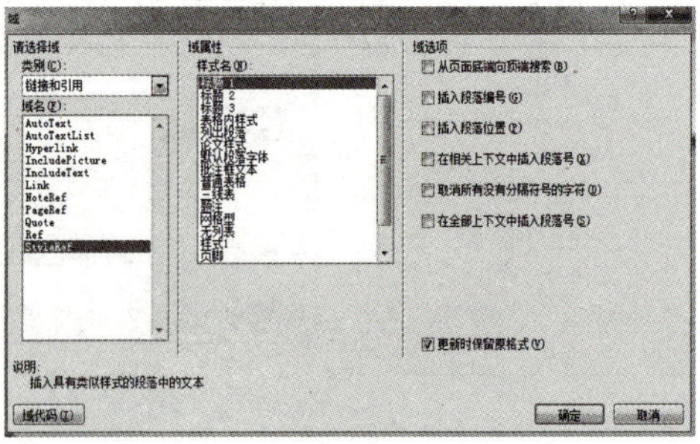

图 3-76 为论文第 1 节插入页眉域

③ 设置第 2 节页眉。单击“下一节”按钮，切换到第 2 节，已经默认出现了第一章的标题

域“绪论”二字，取消单击“链接到前一条页眉”按钮，使之与第 1 节不同，并勾选“奇偶页不同”。将光标置于页眉中的“绪论”二字前，单击“插入”→“文档部件”→“域”按钮，勾选“插入段落编号”选项，单击“确定”按钮，则页眉中变成“第一章绪论”，手动在编号与标题之间加入一个空格。切换到偶数页，确定其中的文字为“论文”即可。

④ 切换到第 3 节，参考文献页的页眉处，取消单击“链接到前一条页眉”按钮，勾选“奇偶页不同”选项，在页眉处删除“标题 1”的编号“0”，其偶数页的页眉确定为“论文”。页眉设置完成。不要关闭页眉页脚，继续设置“页码”。

（11）为各页插入页码。

① 第 1 节页码。将光标置于“目录”页的页脚处，单击“页眉和页脚”→“页码”下拉按钮，选择“设置页码格式”选项，打开“页码格式”对话框，设置如图 3-77 所示。然后单击“页码”下拉按钮，选择“页面底端”→“普通数字 2”选项，使页码居中。光标置于偶数页页码，单击“页码”下拉按钮，选择“页面底端”→“普通数字 2”选项，页码会自动更正为“II”。

② 第 2 节页码。切换到“绪论”页的页脚处，取消单击“链接到前一条页眉”按钮，单击“页码”下拉按钮，选择“设置页码格式”选项，设置如图 3-78 所示。然后单击“页码”下拉按钮，选择“页面底端”→“普通数字 3”选项（正文奇数页页码靠右），光标置于第 2 节偶数页，单击“页码”下拉按钮，选择“页面底端”→“普通数字 1”选项（正文奇数页页码靠左）。然后查看其后所有页码是否正确。

③ 第 3 节页码。若页码是与前一页连续的，可不用再设置，否则应设置“页码格式”，在“页码格式”对话框的“页码编号”中选中“续前节”选项即可。

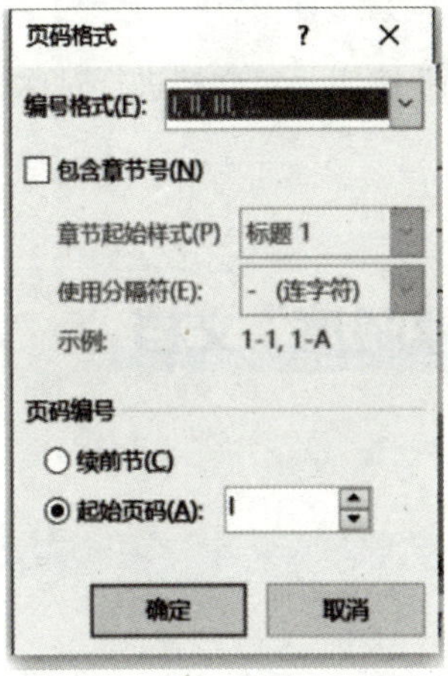

图 3-77　第 1 节页码格式

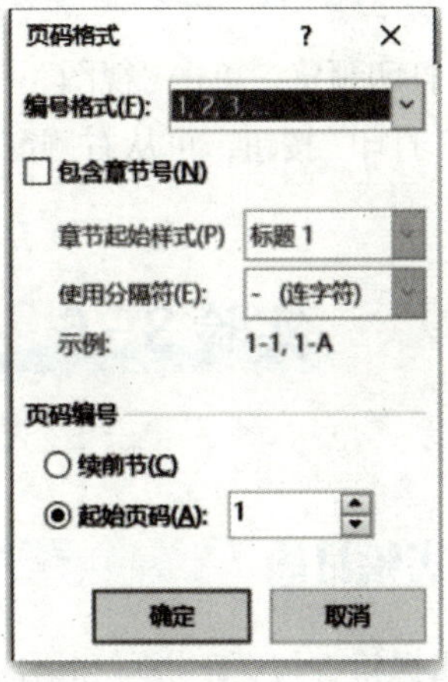

图 3-78　第 2 节页码格式

（12）插入自动目录。将光标置于“目录”标题下一段落，在“引用”→“目录”下拉列表中，选择“自定义目录”选项，在打开的“目录”对话框中，“格式”选择“来自模板”；单击“修改”按钮，打开“样式”对话框，选择“目录 1”；单击“修改”按钮，打开“修改样式”对话框，通过“格式”下拉按钮，设置字体为“中文正文”“西文正文”“小四”，段落格式设置为“左右缩进均为 0 厘米”“无特殊格式”“行距最小值 20 磅”，单击“确定”返回“样式”对话框。选择“目录 2”，单击“修改”按钮，打开“修改样式”对话框，将字体、段落格式设置成与“目录 1”一样，只是段落格式“左侧缩进2字符”；同样的“目录3”修改时，其他一样，只是段落格式“左侧缩进4字符”，如图3-79所示。分别单击每个对话框的“确定”按钮。“目录”标题下的正文处，生成3级自动目录，如图3-80所示，应手动删除前三行，使目录从“第一章”开始，并手动设置第一行的缩进。

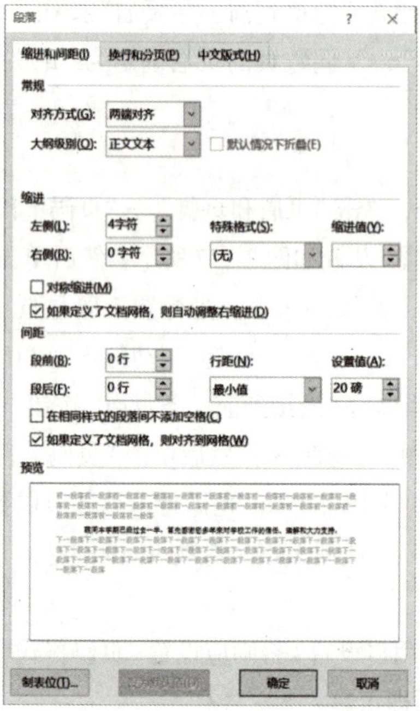

图3-79　插入自动目录并修改格式

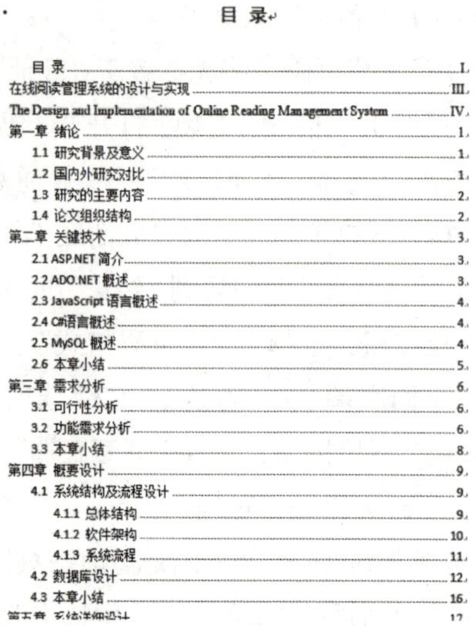

图3-80　目录

（13）打印预览。单击“视图”→“显示比例”→“双页”按钮，对文档进行对称浏览。单击“文件”→“打印”按钮，可从右侧窗口浏览打印效果。

实验3-6　审阅“公司管理制度”文档

一、实验目的

（1）掌握检查与更正拼写和语法。

（2）掌握批注的使用方法。

（3）掌握修订的使用与设置方法。

二、实验示例

在实际工作中，常常会遇到诸如“员工手册”“公司企划”“工作报告”等长达数十页的文档。这时在Word文档中直接查阅和修订，可以达到省时省力的效果。

例 3-9 拼写和语法检查。

如果文档中存在错别字、错误的单词或者语法，Word会自动将这些错误内容以波浪线的形式显示出来。使用Word提供的拼写与语法检查功能，可以逐一将错误修改正确。

下面对“公司管理制度”文档中出现的拼写和语法错误使用“拼写和语法”对话框进行查看，并对出现的错误进行改正，具体操作如下。

（1）启动Word应用程序，打开“公司管理制度”文档，打开“审阅”选项卡，在“校对”组中单击“拼写和语法”按钮，打开“语法”窗格，显示第1处语法错误，如图3-81所示，并且用蓝色标示出来。

（2）单击“忽略”按钮，此时自动跳转至下一个错误。

（3）单击“下一句”按钮，查找下一个错误，在“拼写和语法”对话框中出现了第2处错误，如图3-82所示，并且用红色标示出来。

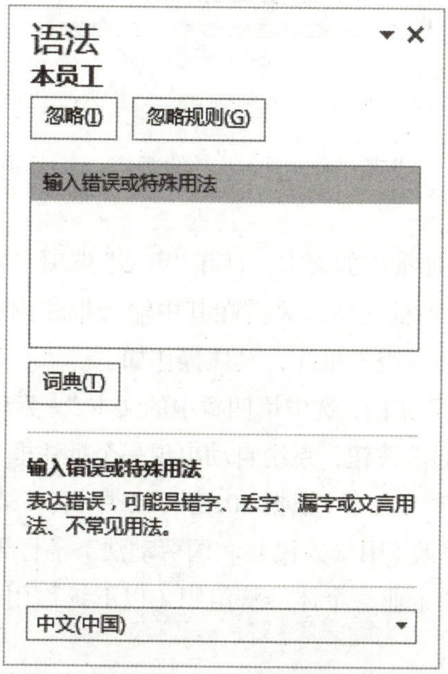

图 3-81　第 1 处错误

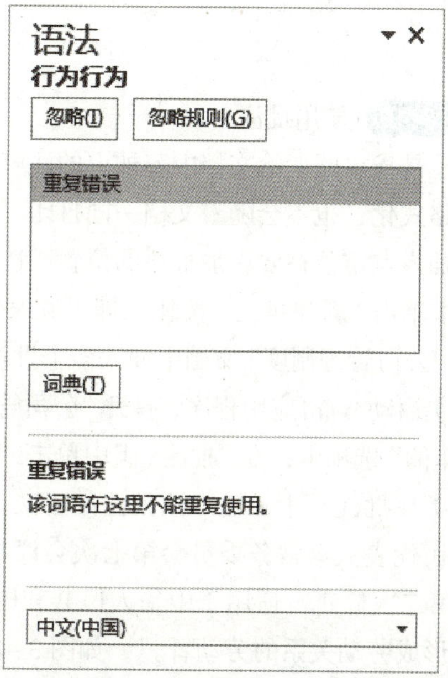

图 3-82　第 2 处错误

（4）选中并删除一处“行为”文字。

（5）单击“恢复”按钮，继续查找，在“拼写和语法”对话框中出现了第3处重复错误，如图3-83所示。

（6）单击“忽略”按钮，忽略当前的错误。跳转到下一个错误，并使用同样的方法修改拼写和语法错误。

（7）检查并修改完毕后，此时打开提示对话框，提示文本中的拼写和语法错误检查完毕，如图3-84所示。

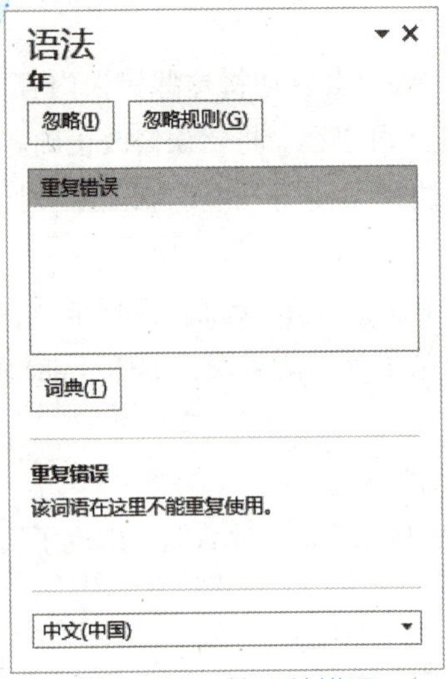

图 3-83　第 3 处错误

图 3-84　提示信息

例 3-10 使用批注。

批注是指审阅者给文档内容加上的注解或说明，或者是阐述批注者的观点。批注并不影响文档的格式化，也不会随着文档一同打印。

将插入点定位在要添加批注的位置或选中要添加批注的文本，打开“审阅”选项卡，在“批注”组中单击“新建批注”按钮，即可在文档中插入批注框，只需在其中输入批注内容即可。下面在“公司管理制度”文档中插入多个批注，并逐一查看批注，具体操作如下。

（1）启动 Word 应用程序，打开“公司管理制度”文档，选中第四章中的文本“《劳动法》”，打开“审阅”选项卡，在“批注”组中单击“新建批注”按钮，系统自动出现一个批注框。

（2）在批注框中，输入该批注的正文，这里输入文字“根据 2018 年 12 月 29 日第十三届全国人民代表大会常务委员会第七次会议《关于修改〈中华人民共和国劳动法〉等七部法律的决定》第二次修正。适用于中华人民共和国境内的企业、个体经济组织（以下统称用人单位）和与之形成劳动关系的劳动者。”，如图 3-85 所示。

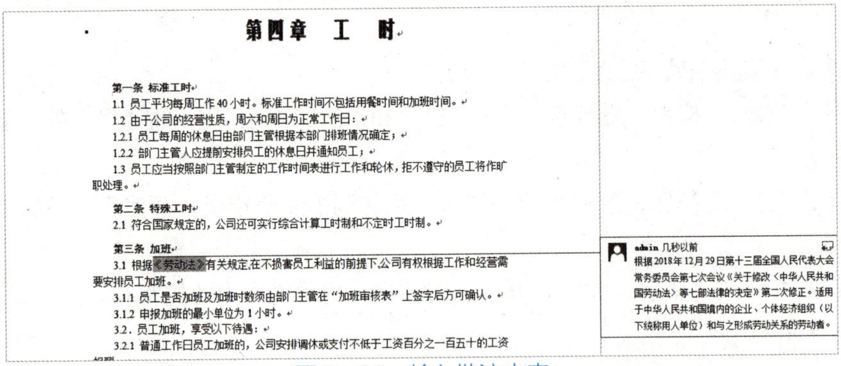

图 3-85　输入批注内容

（3）使用同样的方法，在其他章节的文本中添加批注，如图 3-86 所示。

（4）完成批注的添加后，在“审阅”选项卡的“批注”组中单击“上一条”按钮，将插入点定位到“上一条”批注中；单击“下一条”按钮，将插入点定位到文档的“下一条”批注中。

（5）依次单击“下一条”按钮，逐个查看文档中的所有批注。

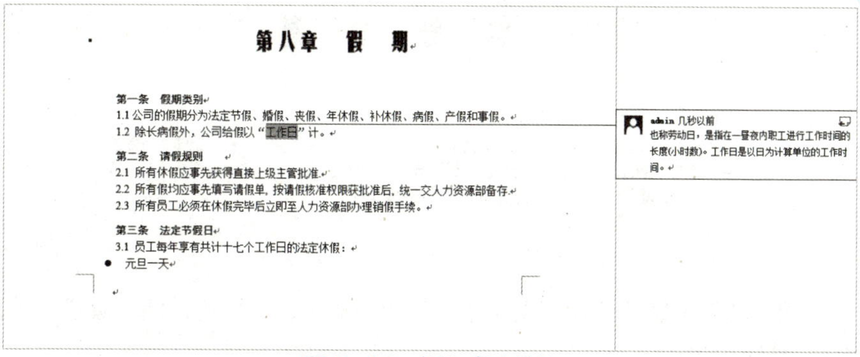

图 3-86 插入多个批注

提示：要在批注文档中，将插入点定位在某个批注后，在“审阅”选项卡的“批注”组中单击“删除”按钮，从弹出的快捷菜单中选择“删除”选项，即可删除该批注；选择“删除文档中的所有批注”选项，即可删除所有批注。

例 3-11 修订文档内容。

在审阅文档时，发现某些多余的内容或遗漏内容时，如果直接在文档中删除或修改，将不能看到原文档和修改后文档的对比情况。使用 Word 的修订功能，可以将用户修改过的每项操作以不同的颜色标识出来，方便作者进行查看。

对于文档中明显的错误，可以启用修订功能并直接进行修改，这样可以减少原作者修改的难度，同时让原作者明白进行过何种修改。

下面将对“公司管理制度”文档进行修订，具体操作如下。

（1）启动 Word 应用程序，打开“公司管理制度”文档，打开“审阅”选项卡，在“修订”组中单击“修订”按钮，进入文档的修订状态。

（2）选择第一章第一条第一行中的文本“本”，按“Delete”键，即可删除该文本，此时该文本中即可添加删除线，并以蓝色显示，如图 3-87 所示。

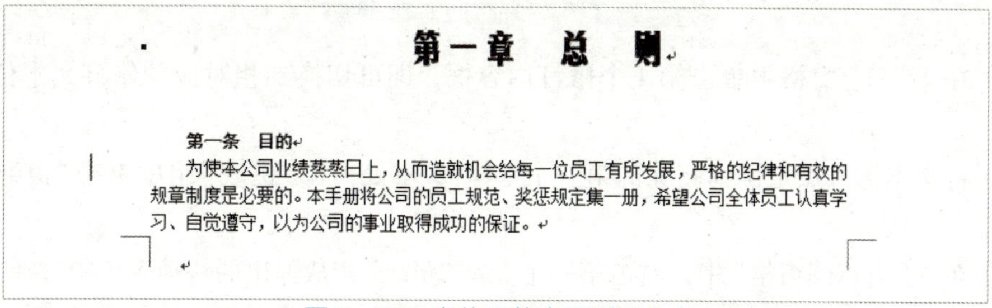

图 3-87 在修订状态下删除文本

（3）将文本插入点定位到下一行文本“手册”前，再输入所需的文本“员工”，添加的文本下方将显示下划线，此时添加的文本以蓝色显示，如图 3-88 所示。

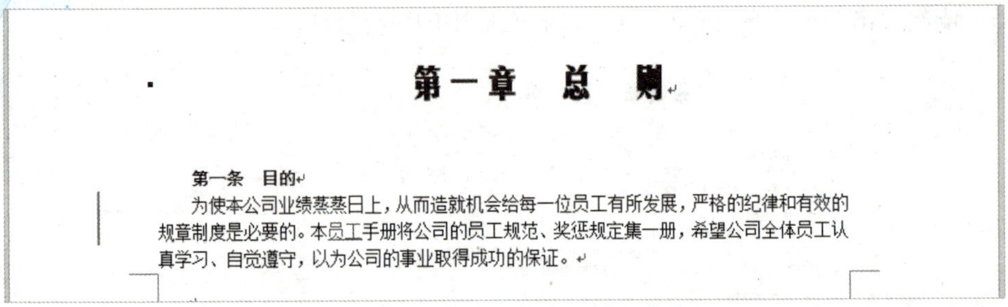

图 3-88　在修订状态下输入文本

（4）使用同样的方法修订其他错误文本，修改完成后，在快速访问工具栏上单击“保存”按钮，保存修改过的文档。

在长文档中添加批注和修订后，为了方便查看与修改，可以使用审阅窗格以浏览文档中的修订内容。查看完毕后，用户还可以确认是否接受或拒绝修订。

下面将对“公司管理制度”文档进行修订，具体操作如下。

（1）启动Word应用程序，打开“公司管理制度”文档。

（2）打开“审阅”选项卡，在“修订”组中，单击“审阅窗格”下拉按钮，从弹出的下拉菜单中选择“垂直审阅窗格”选项，打开“修订”窗格，如图 3-89 所示。

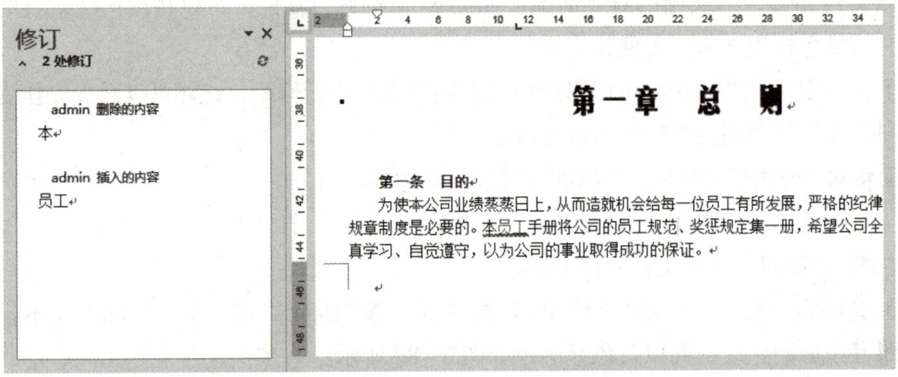

图 3-89　打开“垂直审阅窗格”

（3）在“修订”窗格中单击第 1 个修订内容框，即可切换到相对应的修订文本位置进行查看。

（4）将文本插入点定位到删除的第一个“本”文本处，在“更改”组中单击“拒绝”按钮，拒绝修订。

（5）在“垂直审阅窗格”中，右击第一个文本“员工”，从弹出的快捷菜单中选择“接受插入”选项，即可接受修订文本。

（6）使用同样的方法，查看修订，并执行“接受修订”操作。

（7）在快速访问工具栏中单击“保存”按钮，保存修订的“公司管理制度”文档。

第 4 章

Excel 2016 电子表格处理软件实验

本章通过学习数据处理软件，做好数据统计工作，如账务报表、销售统计表、年度汇总表和各种图表等，让学生掌握Excel数据获取与处理方法，助力学生提升数据处理效率，并掌握从海量数据中找到关键信息从而作出正确的判断与决策的能力，不被网络不良信息误导。

实验 4-1　Excel 2016 的基本操作

一、实验目的

（1）了解Excel的工作环境和功能。

（2）掌握Excel数据的输入和数据的自动填充。

（3）掌握工作表的编辑和格式设置。

（4）掌握公式与函数的使用。

二、实验示例

例 4-1　新建工作表：新建一个Excel工作簿，将它保存在本地磁盘（D:）上，工作簿命名为“学生成绩单.xlsx”，Sheet1 表格命名为“表 1”。

具体操作步骤如下：

（1）双击桌面上的Excel 2016 快捷图标，或者单击桌面左下角的“开始”→“Excel 2016”按钮，启动Excel 2016 后的窗口如图 4-1 所示，单击“空白工作簿”按钮，系统将自动建立一个名为“工作簿 1”的工作簿，如图 4-2 所示。

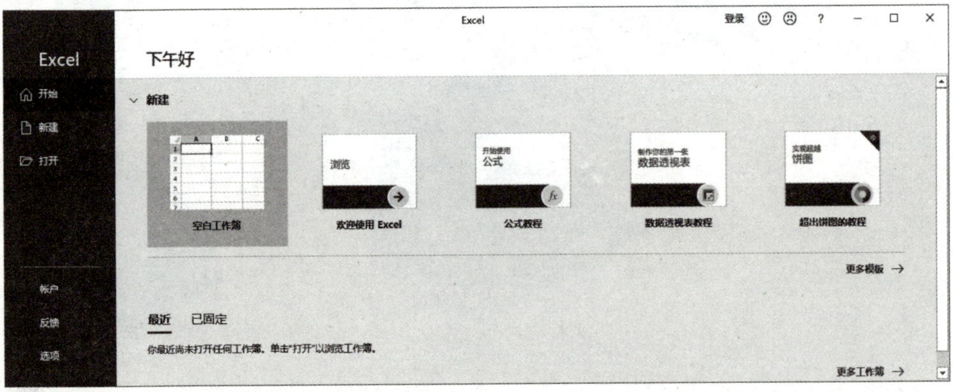

图 4-1　Excel 2016 启动界面

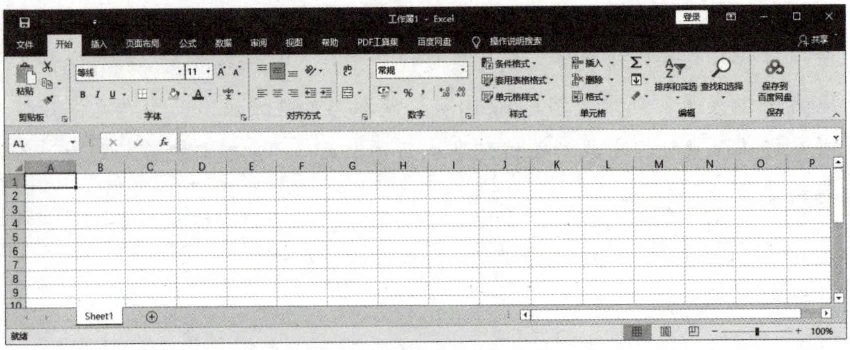

图 4-2　新建的工作簿

在新的工作簿中默认有一个工作表：Sheet1。右击工作表标签Sheet1，在弹出的快捷菜单中选择“重命名”选项，将表格命名为“表 1”。

（2）单击“文件”→“保存”→“浏览”按钮，弹出“另存为”对话框，如图 4-3 所示。选择工作簿的保存位置，文件名设置为“学生成绩单”，单击“保存”按钮，完成工作簿的保存。

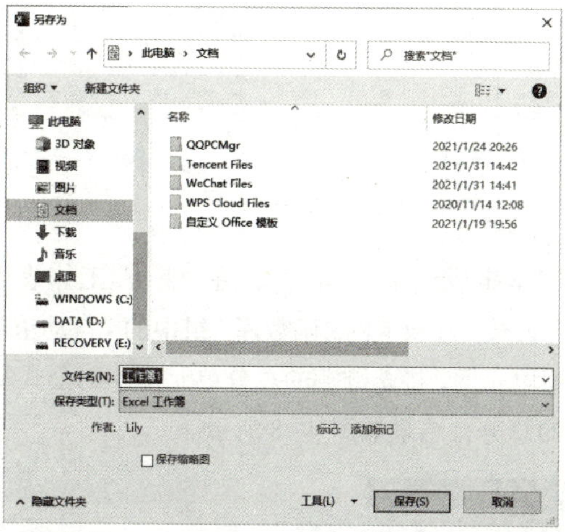

图 4-3 “另存为”对话框

例 4-2 Excel数据的输入和数据的自动填充：在“学生成绩单”工作簿中的“表 1”中，输入如图 4-4 所示数据，使用自动填充序列数的方法填充学号。

	A	B	C	D	E	F	G	H
1	成绩单							
2	学号	姓名	高数	英语	计算机	政治	总分	平均分
3	202101001	李娜娜	80	95	95	84		
4	202101002	王明	98	91	96	86		
5	202101003	白小雪	99	88	92	92		
6	202101004	吴刚	94	86	94	73		
7	202101005	潘学武	86	64	82	95		
8	202101006	王子徐	76	75	86	81		
9	202101007	朱灵	78	85	87	64		
10	202101008	李辉	84	92	64	82		
11	202101009	刘芳	66	67	84	64		
12	202101010	王亚	91	82	72	92		
13	各科平均							
14	最高分							
15	最低分							

图 4-4 “表 1”数据

具体操作步骤如下：

打开“学生成绩单”工作簿，在“表 1”工作表中输入如图 4-4 所示相应数据。在输入学号时，输入“202101001”和“202101002”，单击选中A3单元格，按下鼠标左键不放，向下拖动鼠标，同时选中A3、A4单元格，单击右下角的填充柄（如图 4-5）向下拖动进行序列的填充。

学号
202101001
202101002

图 4-5 利用填充柄进行序列填充

例 4-3 在“学生成绩单”工作簿中的“表 1”中利用公式和函数求总分、平均分（平均分保留小数 1 位）、最高分和最低分，最终结果如图 4-6 所示。

	A	B	C	D	E	F	G	H
1	成绩单							
2								
3	学号	姓名	高数	英语	计算机	政治	总分	平均分
4	202101001	李娜娜	80	95	95	84	354	88.5
5	202101002	王明	98	91	96	86	371	92.8
6	202101003	白小雪	99	88	92	92	371	92.8
7	202101004	吴刚	94	86	94	73	347	86.8
8	202101005	潘学武	86	64	82	95	327	81.8
9	202101006	王子徐	76	75	86	81	318	79.5
10	202101007	朱灵	78	85	87	64	314	78.5
11	202101008	李辉	84	92	64	82	322	80.5
12	202101009	刘芳	66	67	84	64	281	70.3
13	202101010	王亚	91	82	72	92	337	84.3
14	各科平均		85.2	82.5	85.2	81.3	334	83.6
15	最高分		99	95	96	95	332	83.1
16	最低分		66	64	64	64	328	82.1

图 4-6　计算总分、平均分、最高分、最低分后的结果

具体操作步骤如下：

（1）计算总分。打开“学生成绩单”工作簿，在“表 1”工作表中选中李娜娜的所有成绩 C4:F4 单元格区域，单击“公式”选项卡的“函数库”组中的“自动求和”按钮，如图 4-7 所示，先计算李娜娜的总分。利用填充柄，将李娜娜的总分单元格中的公式复制到其下面的单元格中，即完成计算其他学生成绩的总分，结果如图 4-8 所示。

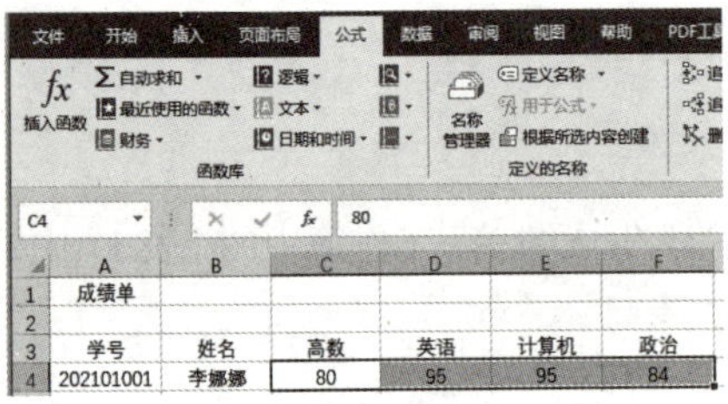

图 4-7　计算李娜娜的总分

	A	B	C	D	E	F	G
1	成绩单						
2							
3	学号	姓名	高数	英语	计算机	政治	总分
4	202101001	李娜娜	80	95	95	84	354
5	202101002	王明	98	91	96	86	371
6	202101003	白小雪	99	88	92	92	371
7	202101004	吴刚	94	86	94	73	347
8	202101005	潘学武	86	64	82	95	327
9	202101006	王子徐	76	75	86	81	318
10	202101007	朱灵	78	85	87	64	314
11	202101008	李辉	84	92	64	82	322
12	202101009	刘芳	66	67	84	64	281
13	202101010	王亚	91	82	72	92	337

图 4-8　计算其他学生成绩的总分

（2）计算平均分。选中 H4 单元格，单击“公式”选项卡的“函数库”组中的“插入函数”按钮，弹出“插入函数”对话框，在“选择函数”列表中选择“AVERAGE”选项，如图 4-9（a）所示，单击“确定”按钮，弹出“函数参数”对话框，按照图 4-9（b）所示，设置参数为 C4:F4 单元格区域，单击“确定”按钮，得出李娜娜的平均分。利用填充柄，将李娜娜的平均分单元格中的公式复制到其下面的单元格中，即完成计算其他学生成绩的平均分。

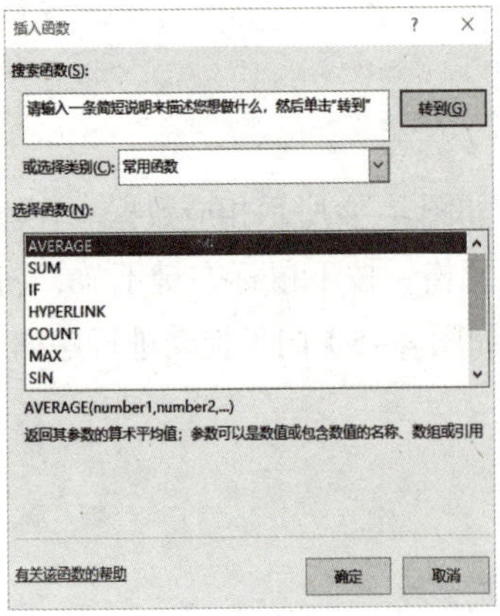

（a）“插入函数”对话框

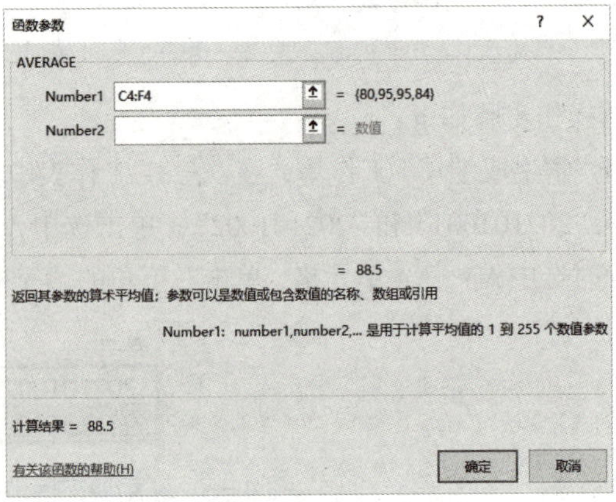

（b）“函数参数”对话框

图 4-9　计算李娜娜的平均分

（3）计算最高分。选中C15单元格，单击“公式”选项卡的“函数库”组中的“插入函数”按钮，弹出“插入函数”对话框，在“选择函数”列表中选择“MAX”选项，单击“确定”按钮，弹出“函数参数”对话框，设置参数为C4∶C13单元格区域，单击“确定”按钮，得出“高数”的平均分。利用填充柄，将“高数”的平均分单元格中的公式复制到其右侧的单元格中，即完成计算“英语”“计算机”“政治”的平均分。最低分的计算方法与此相同，选择函数MIN。

（4）在计算平均分、最高分和最低分时，需要设置数据计算范围的选取。选定平均分所在的一列单元格，右击弹出快捷菜单，选择“设置单元格格式”选项，打开“单元格格式”对话框。在“数字”选项卡中选择“数值”选项，并将小数位数设为1。

例 4-4 工作表的格式化：设置“学生成绩单”工作簿“表1”工作表A~H列的宽度为10，工作表第2~15行的高度为16；在表格标题与表格之间插入一空行，然后将表格标题字体设置为蓝色、加粗、16磅、加双下画线，并采用合并及居中对齐方式；将表格各栏标题A3∶H3单元格设置成粗体、居中；再将表格中的其他内容居中；将标题栏A3∶H3单元格底纹填充色设置为纯色灰色，倒数三行单元格底纹填充色设置为纯色浅蓝色；对学生的平均分设置条件格式：平均分≥90分，采用蓝色加粗；平均分<80分，采用红色、加粗倾斜。最终效果如图4-10所示。

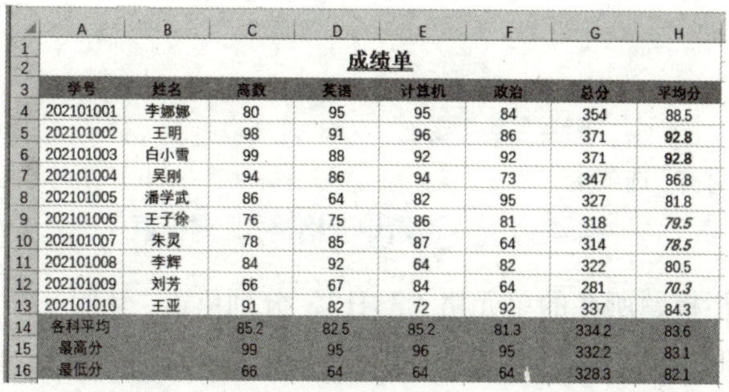

	A	B	C	D	E	F	G	H
1								
2	成绩单							
3	学号	姓名	高数	英语	计算机	政治	总分	平均分
4	202101001	李娜娜	80	95	95	84	354	88.5
5	202101002	王明	98	91	96	86	371	92.8
6	202101003	白小雪	99	88	92	92	371	92.8
7	202101004	吴刚	94	86	94	73	347	86.8
8	202101005	潘学武	86	64	82	95	327	81.8
9	202101006	王子徐	76	75	86	81	318	79.5
10	202101007	朱灵	78	85	87	64	314	78.5
11	202101008	李辉	84	92	64	82	322	80.5
12	202101009	刘芳	66	67	84	64	281	70.3
13	202101010	王亚	91	82	72	92	337	84.3
14	各科平均		85.2	82.5	85.2	81.3	334.2	83.6
15	最高分		99	95	96	95	332.2	83.1
16	最低分		66	64	64	64	328.3	82.1

图 4-10 工作表格式化后的效果

具体操作步骤如下：

（1）设置列宽和行高。打开“学生成绩单”工作簿，在“表1”工作表中单击列标并左右拖动鼠标选中A~H列，右击弹出快捷菜单，选择“列宽”选项，设值为10，如图4-11所示；单击行号并上下拖动鼠标选中第2~15行，右击弹出快捷菜单，选择“行高”选项，设为16，如图4-12所示。

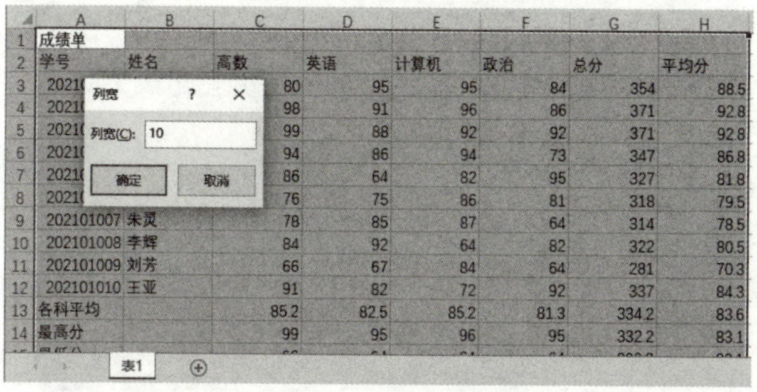

图 4-11 “列宽”设置

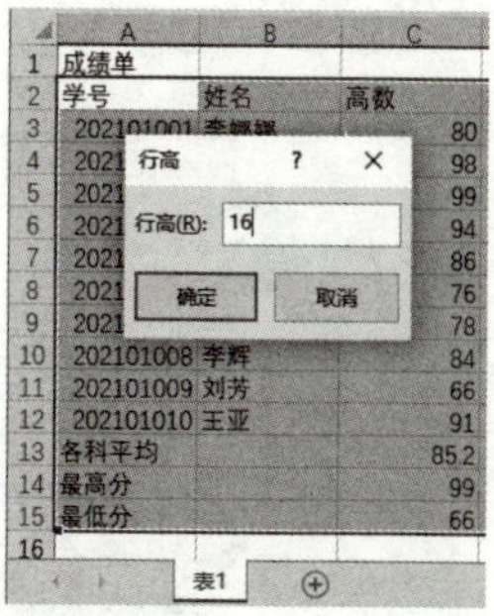

图 4-12 “行高”设置

（2）设置表格标题格式。选中第2行单元格，单击“开始”选项卡的“单元格”组中的“插入”按钮，在下拉菜单中选择“插入工作表行”选项。选中A1:H2单元格后右击，在弹出的快捷菜单中选择“设置单元格格式”选项，打开“设置单元格格式”对话框，在“对齐”选项卡中按图4-13(a)所示设置合并单元格及标题对齐方式。在“字体”选项卡中设置标题格式，“字体”选择“宋体”，“字形”选择“粗体”，“字号”选择“16”，“下划线”选择“双下划线”，“颜色”选择“蓝色”，如图4-13(b)所示，在“预览”区域可以看到设置的字体效果，单击“确定”按钮完成设置。

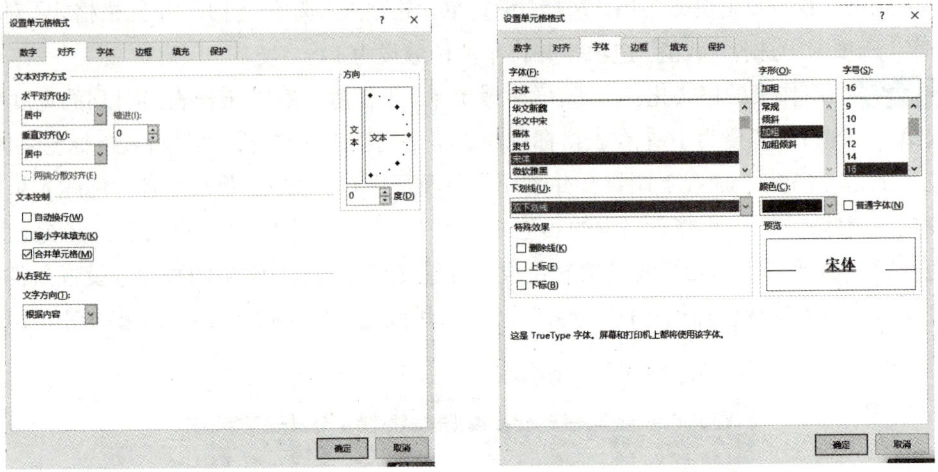

(a)“对齐”选项卡　　(b)“字体”选项卡

图4-13 “设置单元格格式”对话框

(3)选择表格各栏标题所在的单元格A3:H3，分别单击“开始”选项卡的“单元格”组中的“加粗”“居中”按钮。

(4)选择标题栏所在的单元格A3:H3，单击“开始”选项卡的“单元格”组中的“格式”按钮，在下拉菜单中选择“设置单元格格式”选项，如图4-14所示，打开“设置单元格格式”对话框，如图4-15所示，在“填充”选项卡中设置单元格的底纹为纯色灰色。使用同样的方法设置表格倒数三行的底纹为纯色浅蓝色。

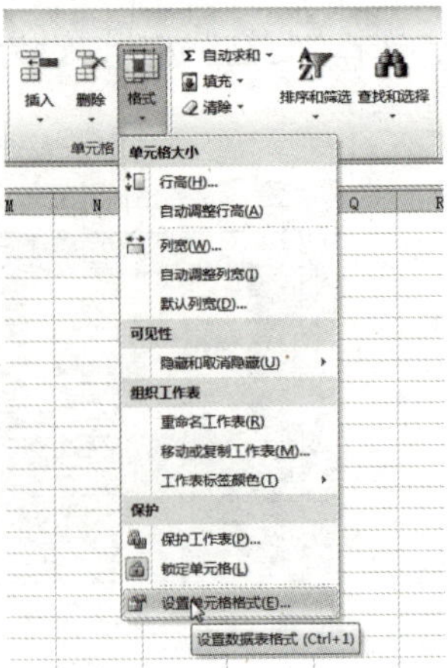

图4-14 “设置单元格格式”选项

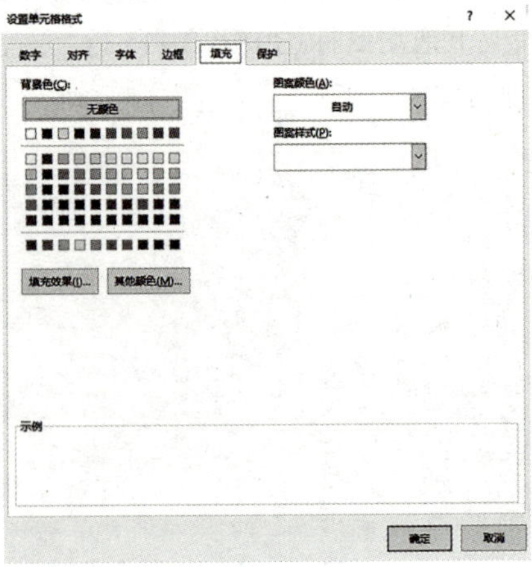

图4-15 “设置单元格格式”对话框

（5）设置条件格式。选中“平均分”一列的单元格，单击“开始”选项卡的“样式”组中的“条件格式”按钮，在弹出的菜单中选择“新建规则”选项，如图 4-16 所示。在“新建规则”对话框中，选择“只为包含以下内容的单元格设置格式”选项，对平均分大于或等于 90 和小于 80 的数据分别设置不同的显示格式，如图 4-17 所示。

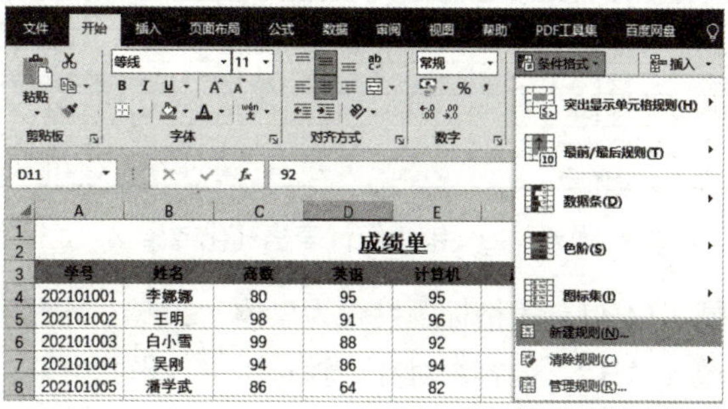

图 4-16 选择“新建规则”选项

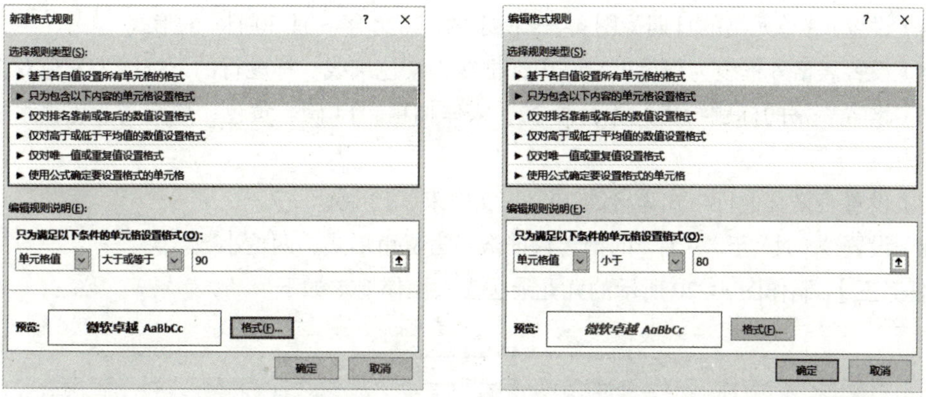

（a）平均分大于或等于 90 的数据

（b）平均分小于 80 的数据

图 4-17 “编辑格式规则”对话框

三、实验任务

【任务一】 制作一个销售统计表，数据及效果如图 4-18 所示。

	A	B	C	D	E	F	G	H
1	销售统计表							
2	单位：万元							
3	编号	类别	一月	二月	三月	四月	五月	六月
4	001	电视机	5.64	3.48	3.89	4.75	4.26	5.85
5	002	电冰箱	3.54	2.64	3.15	3.25	3.69	5.35
6	003	洗衣机	2.57	1.6	1.42	1.55	1.21	1.3
7	004	热水器	5.84	3.65	3.78	4.31	2.56	1.39
8	005	空调	2.58	2.76	1.33	1.1	4.68	3.78
9	006	抽油烟机	1.2	1.22	1.34	1.77	1.41	1.63

图 4-18 销售统计表效果

（1）新建一个 Excel 工作簿。

（2）将该工作簿保存文件命名为“销售统计表.xlsx”。

（3）在 Sheet1 表中输入图 4-18 所示内容。

【任务二】 对新建立的销售统计表进行格式化操作，效果如图 4-19 所示。

销售统计表							
							单位：万元
制表日期：	2020年6月30日						
编号	类别	一月	二月	三月	四月	五月	六月
001	电视机	¥5.64	¥3.48	¥3.89	¥4.75	¥4.26	¥5.85
002	电冰箱	¥3.54	¥2.64	¥3.15	¥3.25	¥3.69	¥5.35
003	洗衣机	¥2.57	¥1.60	¥1.42	¥1.55	¥1.21	¥1.30
004	热水器	¥5.84	¥3.65	¥3.78	¥4.31	¥2.56	¥1.39
005	空调	¥2.58	¥2.76	¥1.33	¥1.10	¥4.68	¥3.78
006	抽油烟机	¥1.20	¥1.22	¥1.34	¥1.77	¥1.41	¥1.63

图 4-19 销售统计表格式化效果

（1）合并单元格区域 A1:H1，表格标题设置为黑体、20 磅、水平和垂直都居中。

（2）合并单元格区域 A2:H2，内容右对齐、垂直居中、华文中宋、12 磅。

（3）在表格标题行（“编号”所在行）的前面插入一行，在 A3 单元格中输入“制表日期：”，在 B3 单元格中输入“2020/6/30”。

（4）设置 B3 单元格的日期为图 4-19 所示的“2020 年 6 月 30 日”的形式。

（5）设置表格外框线为粗黑框线、内部框线为紫色细线、标题行的下框线为紫色双细线。

（6）设置表格的标题行格式为行高 22，宋体加粗、14 磅、黄色、填充浅蓝色，水平和垂直都居中。

（7）设置表格其他行格式为行高 20，华文中宋、12 磅。

（8）设置“一月”至“六月”的销售数据格式为货币形式，两位小数。

【任务三】 制作图 4-20 所示的九九乘法表，操作要求如下。

	A	B	C	D	E	F	G	H	I	J
1		1	2	3	4	5	6	7	8	9
2	1	1*1=1								
3	2	1*2=2	2*2=4							
4	3	1*3=3	2*3=6	3*3=9						
5	4	1*4=4	2*4=8	3*4=12	4*4=16					
6	5	1*5=5	2*5=10	3*5=15	4*5=20	5*5=25				
7	6	1*6=6	2*6=12	3*6=18	4*6=24	5*6=30	6*6=36			
8	7	1*7=7	2*7=14	3*7=21	4*7=28	5*7=35	6*7=42	7*7=49		
9	8	1*8=8	2*8=16	3*8=24	4*8=32	5*8=40	6*8=48	7*8=56	8*8=64	
10	9	1*9=9	2*9=18	3*9=27	4*9=36	5*9=45	6*9=54	7*9=63	8*9=72	9*9=81
11										

图 4-20 九九乘法表

（1）新建一个工作簿文件，用自己的学号和姓名命名，将 Sheet1 重命名为“九九乘法表”。

（2）在表中的 B1 至 J1 单元格中分别输入 1 至 9。

（3）在 A2 至 A10 单元格中分别输入 1 至 9。

（4）公式计算 B2 的值。

（5）其他单元格的值可以通过公式的复制填充得到。

实验 4-2 Excel 2016 数据统计和分析

一、实验目的

（1）熟悉Excel数据处理中数据清单、记录、字段等常用术语的含义。

（2）掌握记录排序、筛选和分类汇总的方法。

（3）掌握数据透视表的创建和数据透视图的编辑方法。

二、实验示例

Excel将数据清单用作数据库，所谓数据清单是包含相关数据的一系列工作表数据行，在数据清单中，第一行相当于数据库中的字段名，其他的每一行就像是数据库中的一条记录。

例 4-5 新建工作簿，并输入图 4-21 所示数据，按“基本工资”降序排序，如果基本工资相同，则按“奖金”降序排序。

	A	B	C	D	E	F	G	H
1	职工工资表							
2	姓名	职称	职工号	性别	基本工资	奖金	补贴	工资总额
3	刘宝	教授	408001	男	5200	500	300	6000
4	王宽	副教授	408002	男	4800	400	200	5400
5	蒋蓉蓉	讲师	408003	女	3900	200	100	4200
6	于小雪	讲师	408004	女	3880	200	100	4180
7	陈欣	副教授	408005	女	3995	400	200	4595
8	王大鹏	教授	408006	男	6400	500	300	7200
9	叶子豪	副教授	408007	男	4600	400	200	5200
10	刘宇曦	讲师	408008	女	3880	200	100	4180
11	吴晓敏	讲师	408009	男	3990	200	100	4290
12	徐峥	讲师	408010	男	3770	200	100	4070
13	吴云平	教授	408011	女	5800	500	300	6600
14	龚子海	副教授	408012	男	4900	400	200	5500

图 4-21 原始数据

具体操作步骤如下。

（1）在本地磁盘（D:）新建工作簿“职工工资.xlsx”，将其中的工作表Sheet1、Sheet2 和 Sheet3 分别更名为“排序和筛选”“汇总”和“透视表”。

（2）在“排序和筛选”工作表中输入图 4-21 所示数据。然后单击表格左上角的◢按钮，选中整张表，按“Ctrl+C”组合键复制表格数据，打开“汇总”表，按“Ctrl+V”组合键将数据粘贴进该表，用同样方法将数据复制进“透视表”工作表中。

（3）鼠标定位在“排序和筛选”数据表中任一单元格，单击“数据”→“排序和筛选”→“排序”按钮，如图 4-22 所示，出现“排序”对话框如图 4-23 所示。在“主要关键字”下拉列表框中选择“基本工资”选项，“次序”选择“降序”选项；在“次要关键字”下拉列表框中选择“奖金”选项，“次序”选择“降序”选项；选中“数据包含标题”复选框，单击“确定”按钮，完成排序设置。

图 4-22 “数据”功能区

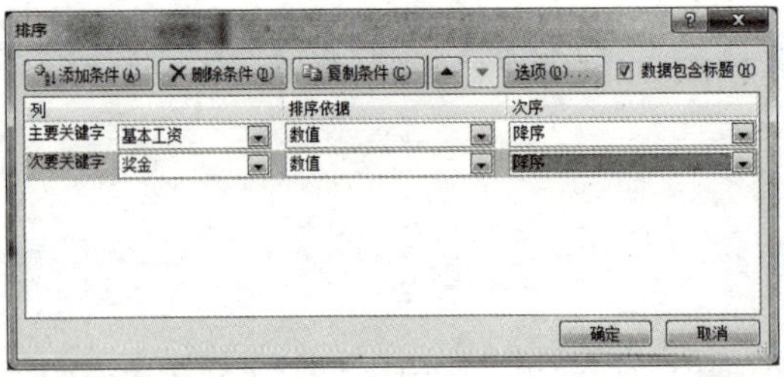

图 4-23 “排序”对话框

例 4-6 数据自动筛选：在新建的“职工工资”工作簿的“排序和筛选”表格中筛选基本工资低于 4 000 元的讲师的记录。

具体操作步骤如下：

（1）打开数据表，选择数据清单区域中的任一单元格，单击“数据”→“排序和筛选”→“筛选”按钮进入自动筛选状态。在数据清单中各字段右下方出现下拉箭头，单击“职称”字段名右侧的下拉按钮，选择“讲师”选项即可。若要恢复所有记录，可再次单击“职称”字段名右侧的下拉按钮，选择“全部”选项即可。

（2）单击“基本工资”右侧的下拉按钮，选择“数字筛选”中的“小于”选项，如图 4-24 所示，出现“自定义自动筛选方式”对话框，如图 4-25 所示，在“基本工资”下拉列表框中选择“小于”，在其右侧的列表框中输入“4 000”，单击“确定”按钮，得到图 4-26 所示的筛选结果。

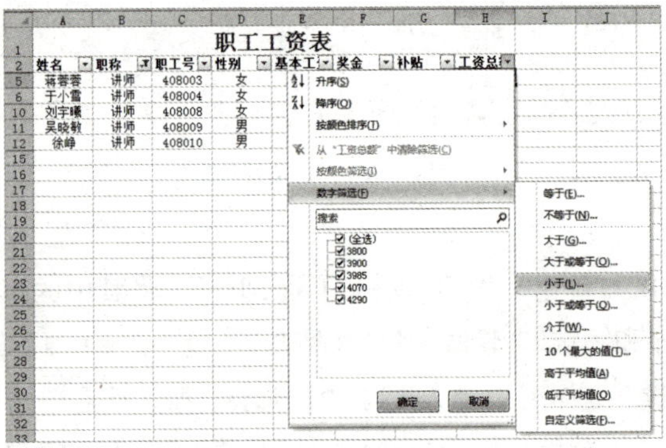

图 4-24 数字筛选图示

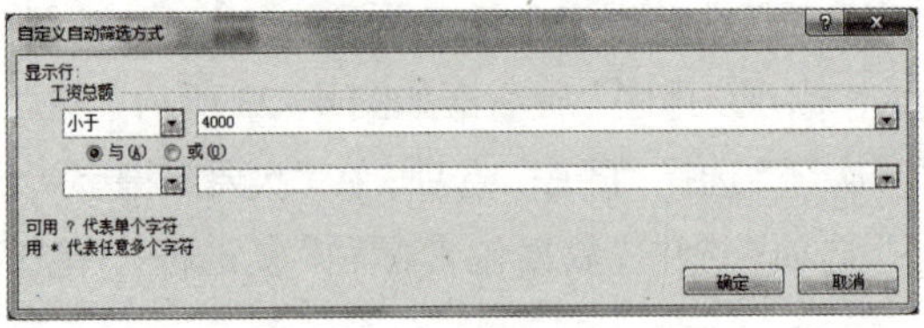

图 4-25 “自定义自动筛选方式”对话框

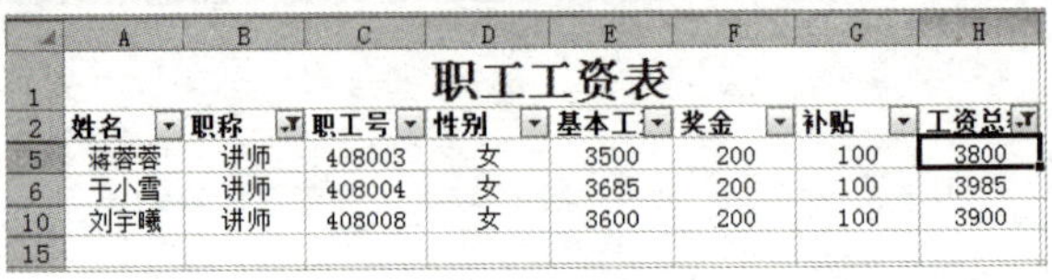

职工工资表

姓名	职称	职工号	性别	基本工	奖金	补贴	工资总
蒋蓉蓉	讲师	408003	女	3500	200	100	3800
于小雪	讲师	408004	女	3685	200	100	3985
刘宇曦	讲师	408008	女	3600	200	100	3900

图 4-26 “基本工资低于 4 000 元的讲师”筛选结果

例 4-7 高级筛选：在新建的“职工工资”工作簿的“排序和筛选”表格中筛选出所有基本工资低于 4 000 元的女老师或低于 4 500 元的男老师的记录，并在原有区域显示筛选结果。

> **说明** 条件区域和数据区域之间至少要空一行或一列；条件区域的第一行应该与数据区域的第一行（通常是标题行）保持一致，最好用复制的方法完成；在条件区域同一行中出现的条件，相互之间一般是“而且”的关系（通常所说的“同时成立”），而在不同行出现的条件，通常是“或”的关系（通常所说的“其中之一”成立即可）。

具体操作步骤如下：

（1）按照上面说明，建立好一个条件区域J6:K8。

（2）定位活动单元格在数据区域，单击“数据”→“排序和筛选”→“高级”按钮，打开“高级筛选”对话框。

（3）在“高级筛选”对话框中，列表区域自动设置为整个数据区域。单击“条件区域”后的“拾取”按钮，选中刚才设置的条件区域，再单击拾取框中的按钮返回“高级筛选”对话框；选择“在原有区域显示筛选结果”选项，如图 4-27 所示，单击“确定”按钮完成筛选设置。

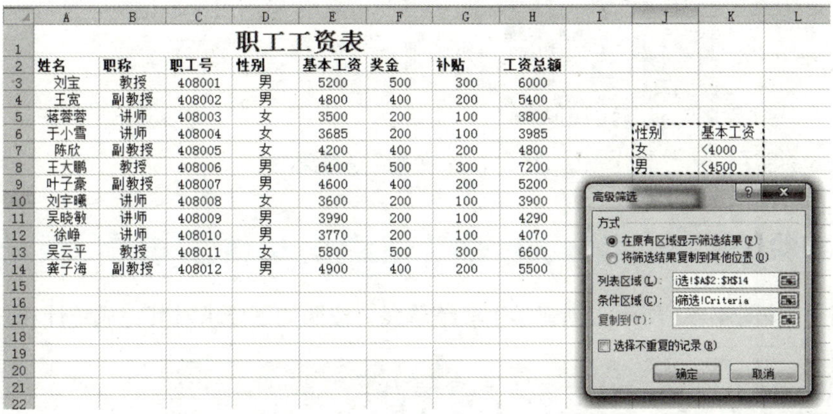

职工工资表

姓名	职称	职工号	性别	基本工资	奖金	补贴	工资总额
刘宝	教授	408001	男	5200	500	300	6000
王寅	副教授	408002	男	4800	400	200	5400
蒋蓉蓉	讲师	408003	女	3500	200	100	3800
于小雪	讲师	408004	女	3685	200	100	3985
陈欣	副教授	408005	女	4200	400	200	4800
王大鹏	教授	408006	男	6400	500	300	7200
叶子豪	副教授	408007	男	4600	400	200	5200
刘宇曦	讲师	408008	女	3600	200	100	3900
吴晓敏	讲师	408009	男	3990	200	100	4290
徐峥	讲师	408010	男	3770	200	100	4070
吴云平	教授	408011	女	5800	500	300	6600
龚子海	副教授	408012	男	4900	400	200	5500

性别	基本工资
女	<4000
男	<4500

图 4-27 “高级筛选”示意图

例 4-8 分类汇总：在新建的“职工工资”工作簿的“汇总”工作表中统计各种职称教师的平均工资。

具体操作步骤如下：

（1）在“汇总”工作表中，将数据清单按“职称”进行排序（升序降序皆可）。

（2）在排序后的数据清单中选择任一单元格，单击“数据”→“分级显示”→“分类汇总”按钮，如图 4-28 所示，进入“分类汇总”对话框。

（3）在“分类汇总”对话框中，在“分类字段”中选择“职称”，在“汇总方式”中选择“平均值”，在“选定汇总项”中选择“工资总额”，选中“替换当前分类汇总”和“汇总结果显示在数据下方”复选框，如图 4-29 所示，单击“确定”按钮。汇总结果如图 4-30 所示。

若要删除分类汇总，恢复清单原样，则在“分类汇总”对话框中单击“全部删除”按钮即可。

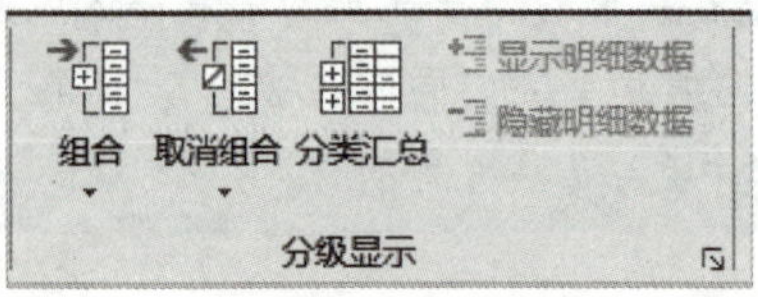

图 4-28 “分级显示”组

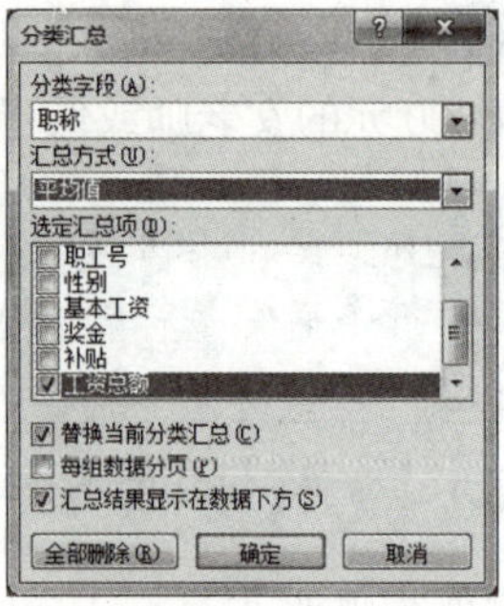

图 4-29 “分类汇总”对话框

职工工资表

姓名	职称	职工号	性别	基本工资	奖金	补贴	工资总额
王宽	副教授	408002	男	4800	400	200	5400
陈欣	副教授	408005	女	4200	400	200	4800
叶子豪	副教授	408007	男	4600	400	200	5200
龚子海	副教授	408012	男	4900	400	200	5500
	副教授 平均值						5225
蒋蓉蓉	讲师	408003	女	3500	200	100	3800
于小雪	讲师	408004	女	3685	200	100	3985
刘宇曦	讲师	408008	女	3600	200	100	3900
吴晓敏	讲师	408009	男	3990	200	100	4290
徐峥	讲师	408010	男	3770	200	100	4070
	讲师 平均值						4009
刘宝	教授	408001	男	5200	500	300	6000
王大鹏	教授	408006	男	6400	500	300	7200
吴云平	教授	408011	女	5800	500	300	6600
	教授 平均值						6600
	总计平均值						5062.083

图 4-30 分类汇总效果图

三、实验任务

【任务】 按图 4-31 所示，创建学生成绩单表，按照如下要求对其完成统计和分析工作。

学号	姓名	班级	语文	数学	英语	生物	地理	历史	政治	总分	平均分
200305	包宏伟	3班	91.5	89	94	92	91	86	86	629.5	89.93
200203	陈万地	2班	93	99	92	86	86	73	92	621	88.71
200104	杜学江	1班	102	116	114	78	88	86	73	657	93.86
200301	符合	3班	99	98	101	95	91	95	78	657	93.86
200306	吉祥	3班	101	94	99	90	87	95	93	659	94.14
200206	李北大	2班	100.5	103	104	88	89	78	90	652.5	93.21
200302	李娜娜	3班	78	95	94	82	90	93	84	616	88.00
200204	刘康锋	2班	95.5	92	96	84	95	91	92	645.5	92.21
200201	刘鹏举	2班	93.5	107	96	100	93	92	93	674.5	96.36
200304	倪冬声	3班	95	97	102	93	95	92	88	662	94.57
200103	齐飞扬	1班	95	85	99	98	92	92	88	649	92.71
200105	苏解放	1班	88	98	101	89	73	95	91	635	90.71
200202	孙玉敏	2班	86	107	89	88	92	88	89	639	91.29
200205	王清华	2班	103.5	105	105	93	93	90	86	675.5	96.50
200102	谢如康	1班	110	95	98	99	93	93	92	680	97.14
200303	闫朝霞	3班	84	100	97	87	78	89	93	628	89.71
200101	曾令煊	1班	97.5	106	108	98	99	99	96	703.5	100.50
200106	张桂花	1班	90	111	116	72	95	93	95	672	96.00

图 4-31 学生成绩单表

（1）按平均分从高到低进行排序，平均分相同的再按英语成绩降序排列。

（2）筛选出学生成绩单表中 2 班的成绩情况。

（3）利用“高级筛选”功能筛选出“学生成绩单表”中各班学生的平均分在 80~90 分的情况。

（4）通过分类汇总功能求出每个班各科的平均成绩，并将每组结果分页显示。

（5）最后取消汇总的结果，显示原始数据。

说明 数据列表与一般表格的区别在于：数据列表必须有列标题；每一列必须是同一数据类型；在数据列表与其他数据之间至少留出一个空白列或一个空白行。

实验 4-3　Excel 2016 图表的创建与编辑

一、实验目的

（1）学习图表的制作方法。

（2）掌握图表的创建、编辑、修饰等基本操作。

二、实验示例

例 4-9 插入图表：新建 2020 年销售统计表.xlsx，数据内容如图 4-32 所示。选定含有需要绘制数据的区域 A1:F5，创建嵌入式柱形图，为柱形图设置标题“2020 年销售统计图表”。

	A	B	C	D	E	F
1	类型	第一季度	第二季度	第三季度	第四季度	类型合计
2	Corei3	400	360	300	200	1260
3	Corei5	20	350	540	600	1690
4	Corei7	50	60	75	100	285
5	季度合计	650	770	915	900	3235

图 4-32　2020 年销售统计表数据

具体操作步骤如下。

（1）新建 2020 年销售统计表.xlsx，按照图 4-32 所示输入、计算数据。

（2）选取绘制图表的数据区 A1:F5，单击“插入”→“图表”→“柱状图”按钮，根据提示创建柱形图，如图 4-33 所示。

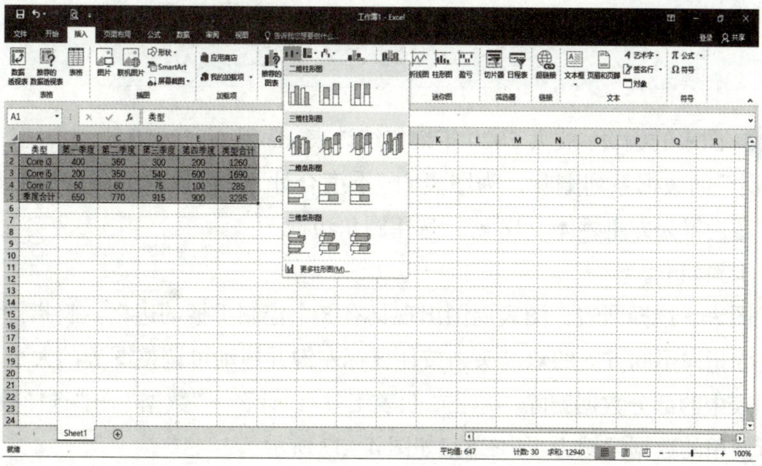

图 4-33　插入图表

（3）选中所创建的柱形图，然后单击“图表工具/设计”→“图标布局”→“添加图标元素”下拉按钮，选择“图表标题”→“图表上方”选项，如图 4-34 所示，加入图表标题，效果如图 4-35 所示。

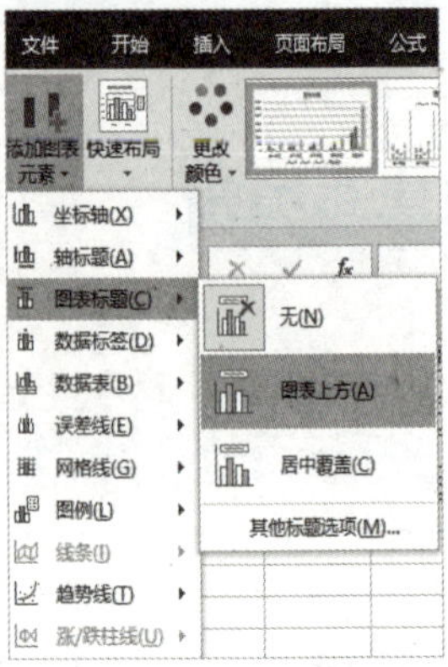

图 4-34　在“图表上方”添加标题

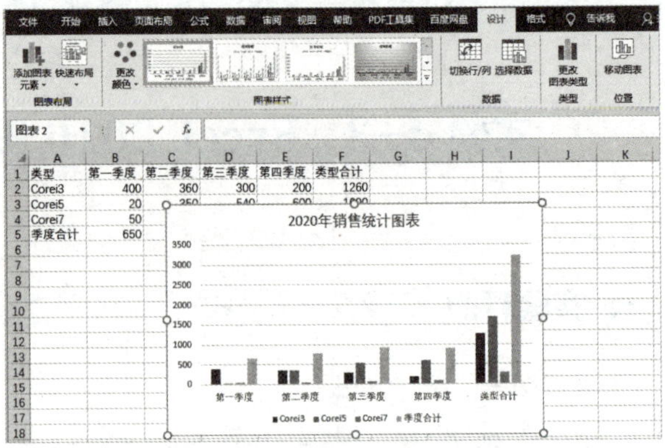

图 4-35　添加图表标题后的效果

注意　选择图 4-33 所示列表中的“更多柱形图”选项可以打开“插入图标”对话框，如图 4-36 所示，选择需要的图表类型。

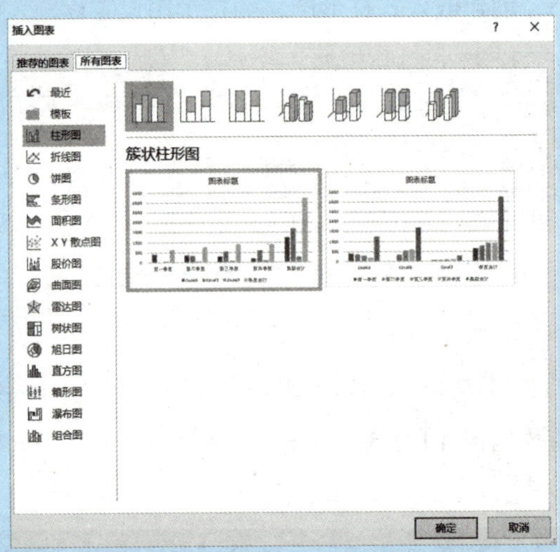

图 4-36　“插入图表”对话框

例 4-10　图表的编辑：放大 2020 年销售统计表.xlsx 中的“2020 年销售统计图表”，将图表中“类型合计”的数据系列删除，为图表中“季度合计”的数据系列增加以值显示的数据标记，将图表标题设置为方正姚体、18 磅，选用圆角边框。

具体操作步骤如下。

（1）放大图表。选择图表，图表周围出现具有 8 个控制手柄的边框。将指针移到某一手柄上，指针将变为指向不同方向的双箭头，按住鼠标左键并拖动可调整图表的大小。

（2）将图表中的部分数据删除。单击“图表工具/设计”→“数据”→“选择数据”按钮，重新定义图表所使用的数据区域为 A1:E5，如图 4-37 所示。

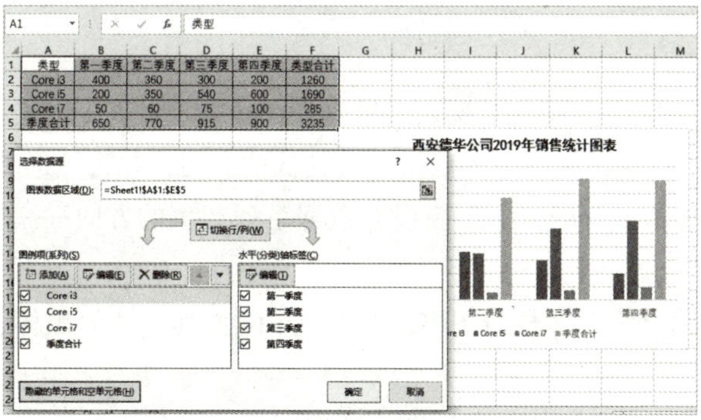

图 4-37 重新定义图表所使用的数据区域

（3）为图表中“季度合计”的数据系列增加以值显示的数据标记。选中“季度合计”的数据系列，右击弹出快捷菜单，选择“添加数据标签”选项，如图 4-38 所示。

（4）选择图表标题，设置为方正姚体、18 磅；选定图表，右击弹出快捷菜单，如图 4-39 所示，选择“设置图表区域格式”选项，打开“设置图表区格式”窗格，在“图表选项”选项卡中选中“圆角”复选框，这是圆角边框，如图 4-40 所示。

（5）编辑后的图表如图 4-41 所示。

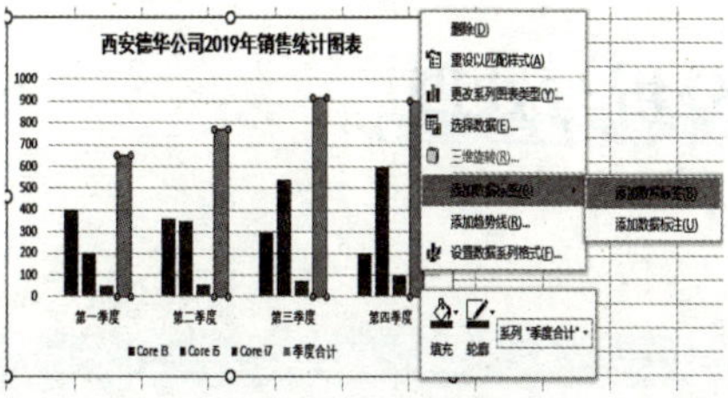

图 4-38 添加数据标签

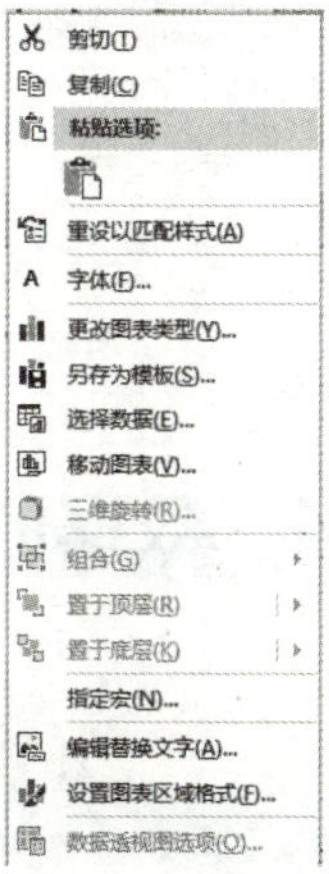

图 4-39 图表快捷菜单

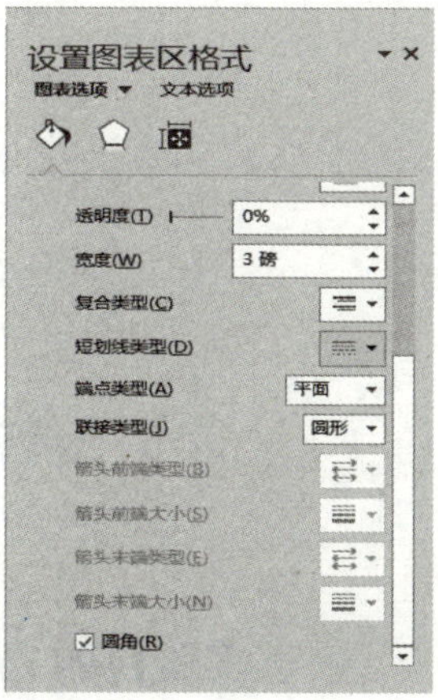

图 4-40 设置圆角边框

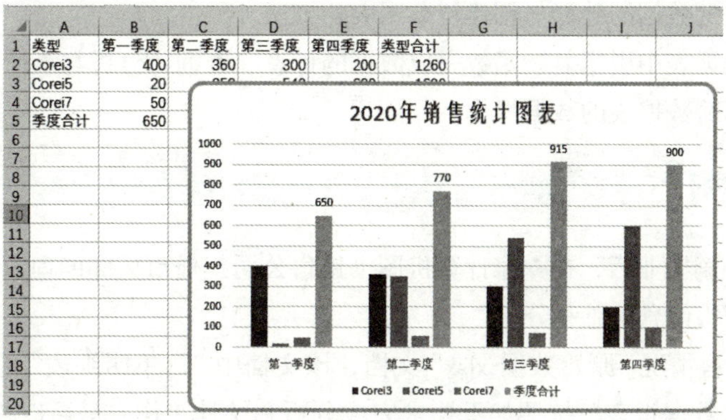

图 4-41 编辑后的图表

三、实验任务

【任务】 新建图书 12 月份销售情况表，数据如图 4-42 所示，完成如下操作。

（1）根据书名、单价和销量字段的数据生成簇状柱形图，并将柱形图放在新的工作表中。

（2）去掉图表中表示单价的列，重新设置数据系列产生的方向——产生在行/列，即设置每本书为一数据系列。

（3）将图表的标题设为“12 月份图书销量”，并设置其字体为黑体，字号为 20 号，颜色为标准色蓝色。

（4）设置图例显示在图表下方，设置图表数据标签显示在外侧。

	A	B	C	D
1		图书销售情况统计表		
2				
3	图书编号	书名	单价	销量
4	JSJ0001	Windows 7教程	17	50
5	JSJ0002	Windows XP教程	18	60
6	JSJ0003	Word教程	19	55
7	JSJ0004	Excel教程	19	56
8	JSJ0005	PowerPoint教程	19	48
9	JSJ0006	办公与文秘教程	20	40
10	JSJ0007	Photoshop教程	22	66
11	JSJ0008	Premiere教程	19.5	45
12	JSJ0009	F1JSJsh教程	21	60
13	JSJ0010	Fireworks教程	17	50
14	JSJ0011	DreJSJmweJSJver教程	22	47
15	JSJ0012	VisuJSJ1 BJSJsic教程	22	50
16	JSJ0013	五笔字型教程	13	62

图 4-42 图书 12 月份销售情况表

实验 4-4 数据的综合分析与处理

一、实验目的

（1）进一步掌握工作表的格式化操作。

（2）进一步掌握数据的计算与创建复杂图表的方法。

（3）掌握在数据表中引用复杂函数完成数据的计算、查询、分析与统计。

（4）熟练掌握跨数据表的数据操作。

二、实验实例

例 4-11 小李毕业后，在一家计算机图书销售公司担任市场部助理，主要的工作职责是为部门经理提供销售信息汇总和分析。

打开“图书销售情况_原始数据.xlsx”文档，该文档中“订单明细表”部分数据如图 4-43 所示，请根据销售数据报表，按照如下要求完成分析和统计工作，最后以“图书销售情况_分析和统计结果.xlsx”为文件名保存于自己的文件夹中。设计样例如图 4-44 所示，也可打开“图书销售情况_分析和统计结果（样张）.xlsx”文档查看。

销售订单明细表

订单编号	日期	书店名称	图书编号	图书名称	单价	销量（本）	小计
BTW-08001	2011年1月2日	鼎盛书店	BK-83021			12	
BTW-08002	2011年1月4日	博达书店	BK-83033			5	
BTW-08003	2011年1月4日	博达书店	BK-83034			41	
BTW-08004	2011年1月5日	博达书店	BK-83027			21	
BTW-08005	2011年1月6日	鼎盛书店	BK-83028			32	
BTW-08006	2011年1月9日	鼎盛书店	BK-83029			3	
BTW-08007	2011年1月9日	博达书店	BK-83030			1	
BTW-08008	2011年1月10日	鼎盛书店	BK-83031			3	
BTW-08009	2011年1月10日	博达书店	BK-83035			43	
BTW-08010	2011年1月11日	隆华书店	BK-83022			22	
BTW-08011	2011年1月11日	鼎盛书店	BK-83023			31	
BTW-08012	2011年1月12日	隆华书店	BK-83032			19	
BTW-08013	2011年1月12日	鼎盛书店	BK-83036			43	
BTW-08014	2011年1月13日	隆华书店	BK-83024			39	
BTW-08015	2011年1月15日	鼎盛书店	BK-83025			30	
BTW-08016	2011年1月16日	鼎盛书店	BK-83026			43	

图 4-43 “订单明细表”部分数据

销售订单明细表

订单编号	日期	书店名称	图书编号	图书名称	单价	销量（本）	小计
BTW-08634	2012年10月31日	鼎盛书店	BK-83024	《VB语言程序设计》	CNY 38.00	36	CNY 1,368.00
BTW-08633	2012年10月30日	博达书店	BK-83036	《数据库原理》	CNY 37.00	49	CNY 1,813.00
BTW-08632	2012年10月29日	博达书店	BK-83032	《信息安全技术》	CNY 39.00	20	CNY 780.00
BTW-08631	2012年10月26日	鼎盛书店	BK-83023	《C语言程序设计》	CNY 42.00	7	CNY 294.00
BTW-08630	2012年10月25日	博达书店	BK-83022	《计算机基础及Photoshop应用》	CNY 34.00	16	CNY 544.00
BTW-08628	2012年10月24日	鼎盛书店	BK-83031	《软件测试技术》	CNY 36.00	33	CNY 1,188.00
BTW-08629	2012年10月24日	隆华书店	BK-83035	《计算机组成与接口》	CNY 40.00	38	CNY 1,520.00
BTW-08627	2012年10月23日	隆华书店	BK-83030	《数据库技术》	CNY 41.00	19	CNY 779.00
BTW-08626	2012年10月22日	鼎盛书店	BK-83037	《软件工程》	CNY 43.00	8	CNY 344.00
BTW-08625	2012年10月20日	隆华书店	BK-83026	《Access数据库程序设计》	CNY 41.00	11	CNY 451.00
BTW-08624	2012年10月19日	鼎盛书店	BK-83025	《Java语言程序设计》	CNY 39.00	20	CNY 780.00
BTW-08622	2012年10月18日	鼎盛书店	BK-83036	《数据库原理》	CNY 37.00	1	CNY 37.00
BTW-08623	2012年10月18日	鼎盛书店	BK-83024	《VB语言程序设计》	CNY 38.00	7	CNY 266.00
BTW-08594	2012年9月17日	博达书店	BK-83030	《数据库技术》	CNY 41.00	42	CNY 1,722.00
BTW-08593	2012年9月15日	隆华书店	BK-83029	《网络技术》	CNY 43.00	29	CNY 1,247.00
BTW-08591	2012年9月14日	隆华书店	BK-83027	《MySQL数据库程序设计》	CNY 40.00	42	CNY 1,680.00
BTW-08592	2012年9月14日	隆华书店	BK-83028	《MS Office高级应用》	CNY 39.00	42	CNY 1,638.00

图 4-44 统计报告

本例处理要求如下。

（1）请对“订单明细表”进行格式调整，通过套用表格格式的方法将所有的销售记录调整为一致的外观格式，并将“单价”列和“小计”列所包含的单元格调整为“会计专用”（人民币）数字格式。

（2）根据图书编号，请在“订单明细表”的“图书名称”列中，用VLOOKUP函数完成图书名称的自动填充。“图书名称”和“图书编号”的对应关系在“编号对照”工作表中。

（3）根据图书编号，请在“订单明细表”的“单价”列中，使用VLOOKUP函数完成图书单价的自动填充。“单价”和“图书编号”的对应关系在“编号对照”工作表中。

（4）在“订单明细表”的“小计”列中，计算每笔订单的销售额。

（5）根据“订单明细表”中的销售数据，统计所有订单的总销售金额，并将其填写在“统计报告”工作表的B3单元格中。

（6）根据“订单明细表”中的销售数据，统计图书《MS Office高级应用》在2012年的总销售额，并将其填写在“统计报告”工作表的B4单元格中。

（7）根据“订单明细表”中的销售数据，统计隆华书店在2011年第3季度的总销售额，并将其填写在“统计报告”工作表的B5单元格中。

（8）根据“订单明细表”中的销售数据，统计隆华书店在2011年的每月平均销售额（保留两位小数），并将其填写在“统计报告”工作表的B6单元格中。

本例操作步骤如下。

打开“图书销售情况_原始数据.xlsx”文档。

（1）对“订单明细表”进行格式调整。

步骤1：选择工作表中的A2，H636单元格区域，单击“开始”→“样式”→“套用表格格式”按钮，在弹出的下拉列表中选择一种表样式，这里选择“红色 表样式浅色10”选项，如图4-45所示，弹出“套用表格式”对话框，如图4-46所示，保留默认设置后单击“确定”按钮即可。

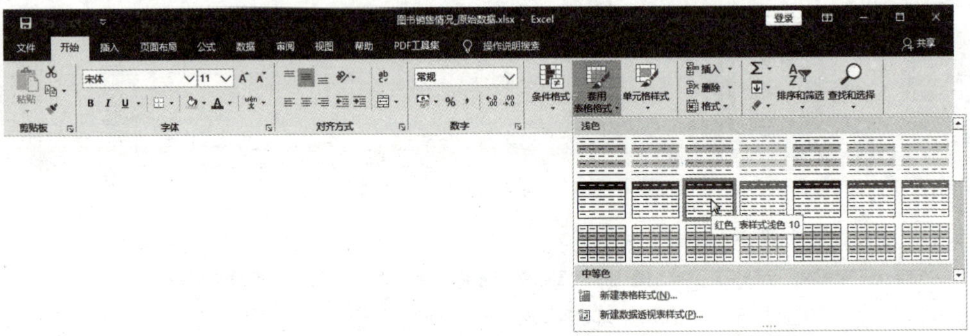

图4-45 设置表样式

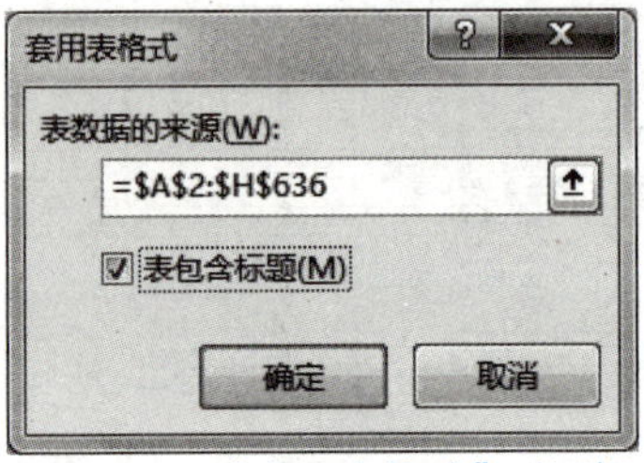

图4-46 “套用表格式”对话框

步骤2：选择“单价”列和“小计”列，右击鼠标，在弹出的快捷菜单中选择“设置单元格格式”选项，继而弹出“设置单元格格式”对话框。在“数字”选项卡下的“分类”组中选择“会计专用”选项，然后单击“货币符号（国家/地区）”下拉列表选择¥，如图4-47所示。格式化设置效果如图4-48所示。

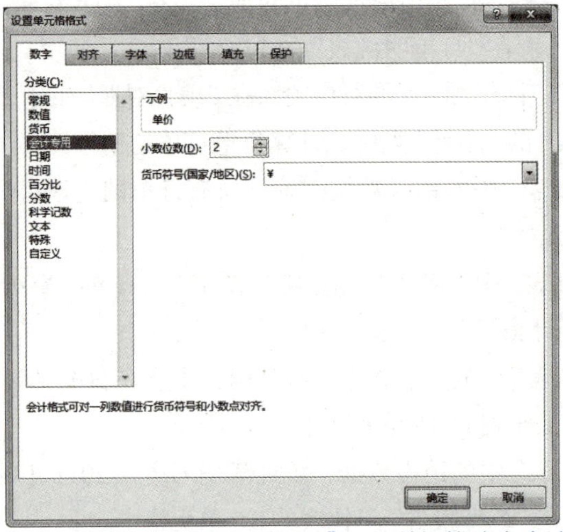

图4-47 设置“单价”列和“小计”列的数据格式为会计专用

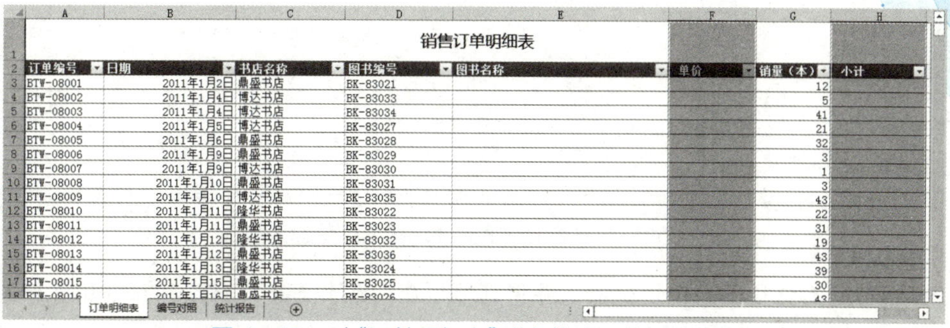

	A	B	C	D	E	F	G	H
1				销售订单明细表				
2	订单编号	日期	书店名称	图书编号	图书名称	单价	销量（本）	小计
3	BTW-08001	2011年1月2日	鼎盛书店	BK-83021			12	
4	BTW-08002	2011年1月4日	博达书店	BK-83033			5	
5	BTW-08003	2011年1月4日	博达书店	BK-83034			41	
6	BTW-08004	2011年1月5日	博达书店	BK-83027			21	
7	BTW-08005	2011年1月6日	鼎盛书店	BK-83028			32	
8	BTW-08006	2011年1月9日	鼎盛书店	BK-83029			3	
9	BTW-08007	2011年1月9日	博达书店	BK-83030			1	
10	BTW-08008	2011年1月10日	鼎盛书店	BK-83031			3	
11	BTW-08009	2011年1月10日	博达书店	BK-83035			43	
12	BTW-08010	2011年1月11日	隆华书店	BK-83022			22	
13	BTW-08011	2011年1月11日	鼎盛书店	BK-83023			31	
14	BTW-08012	2011年1月12日	隆华书店	BK-83032			19	
15	BTW-08013	2011年1月12日	鼎盛书店	BK-83036			43	
16	BTW-08014	2011年1月13日	隆华书店	BK-83024			39	
17	BTW-08015	2011年1月15日	鼎盛书店	BK-83025			30	
18	BTW-08016	2011年1月16日	鼎盛书店	BK-83026			43	

图 4-48 对“订单明细表”进行格式调整后的效果

（2）用 VLOOKUP 函数完成图书名称的自动填充。

步骤 1：在“订单明细表”工作表的E3 单元格中输入“=VLOOKUP（D3,编号对照!$A$3:$C$19,2,FALSE)”，按“Enter”键完成订单编号为“BTW-08001”的图书名称自动填充，如图 4-49 所示。

步骤 2：拖动E3 单元格右下角的复制柄到E636 单元格完成所有订单编号的图书名称填充。

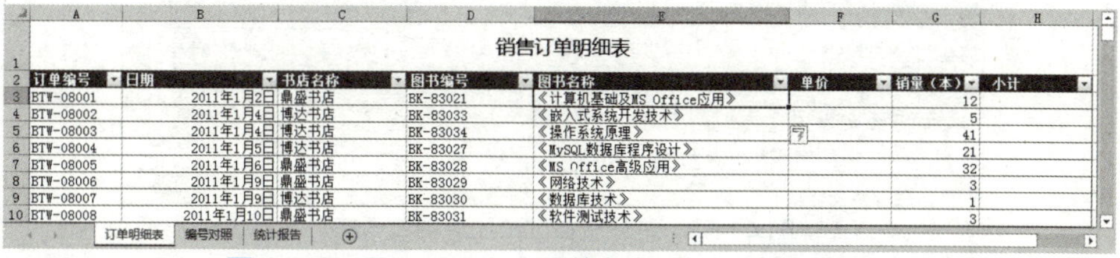

	A	B	C	D	E	F	G	H
1				销售订单明细表				
2	订单编号	日期	书店名称	图书编号	图书名称	单价	销量（本）	小计
3	BTW-08001	2011年1月2日	鼎盛书店	BK-83021	《计算机基础及MS Office应用》		12	
4	BTW-08002	2011年1月4日	博达书店	BK-83033	《嵌入式系统开发技术》		5	
5	BTW-08003	2011年1月4日	博达书店	BK-83034	《操作系统原理》		41	
6	BTW-08004	2011年1月5日	博达书店	BK-83027	《MySQL数据库程序设计》		21	
7	BTW-08005	2011年1月6日	鼎盛书店	BK-83028	《MS Office高级应用》		32	
8	BTW-08006	2011年1月9日	鼎盛书店	BK-83029	《网络技术》		3	
9	BTW-08007	2011年1月9日	博达书店	BK-83030	《数据库技术》		1	
10	BTW-08008	2011年1月10日	鼎盛书店	BK-83031	《软件测试技术》		3	

图 4-49 用VLOOKUP 函数完成图书名称的自动填充

（3）用 VLOOKUP 函数完成图书单价的自动填充。

步骤 1：在“订单明细表”的F3 单元格中输入“=VLOOKUP(D3,编号对照!$A$3:$C$19,3,FALSE)”，按“Enter”键完成订单编号为“BTW-08001”的图书单价的自动填充，如图 4-50 所示。

步骤 2：拖动F3 单元格右下角的复制柄到F636 单元格完成所有订单编号的图书单价填充。

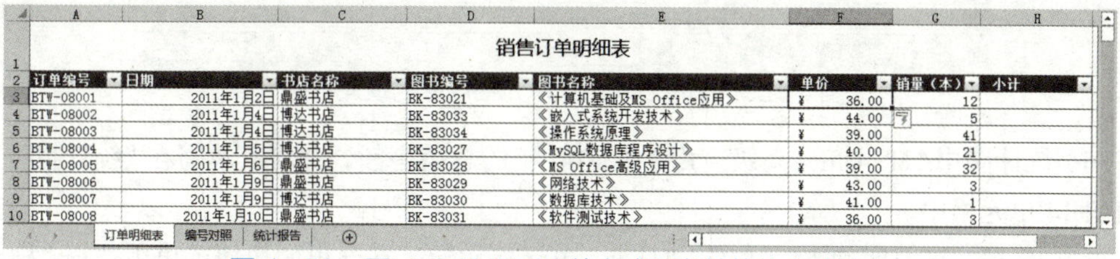

	A	B	C	D	E	F	G	H
1				销售订单明细表				
2	订单编号	日期	书店名称	图书编号	图书名称	单价	销量（本）	小计
3	BTW-08001	2011年1月2日	鼎盛书店	BK-83021	《计算机基础及MS Office应用》	¥ 36.00	12	
4	BTW-08002	2011年1月4日	博达书店	BK-83033	《嵌入式系统开发技术》	¥ 44.00	5	
5	BTW-08003	2011年1月4日	博达书店	BK-83034	《操作系统原理》	¥ 39.00	41	
6	BTW-08004	2011年1月5日	博达书店	BK-83027	《MySQL数据库程序设计》	¥ 40.00	21	
7	BTW-08005	2011年1月6日	鼎盛书店	BK-83028	《MS Office高级应用》	¥ 39.00	32	
8	BTW-08006	2011年1月9日	鼎盛书店	BK-83029	《网络技术》	¥ 43.00	3	
9	BTW-08007	2011年1月9日	博达书店	BK-83030	《数据库技术》	¥ 41.00	1	
10	BTW-08008	2011年1月10日	鼎盛书店	BK-83031	《软件测试技术》	¥ 36.00	3	

图 4-50 用VLOOKUP 函数完成图书单价的自动填充

（4）在“订单明细表”的“小计”列中，计算每笔订单的销售额。

步骤 1：在“订单明细表”的H3 单元格中输入“=F3*G3”，按“Enter”键完成订单编号为“BTW-08001”的销售额计算。

步骤 2：拖动H3 单元格右下角的复制柄到H636 单元格完成全部订单销售额的计算，如图 4-51 所示。

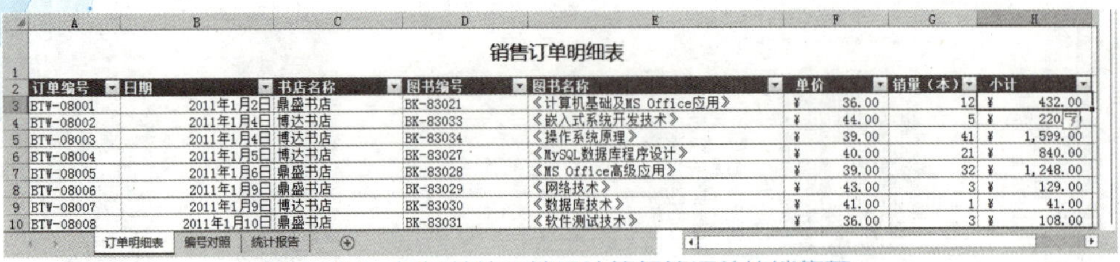

销售订单明细表

订单编号	日期	书店名称	图书编号	图书名称	单价	销量（本）	小计
BTW-08001	2011年1月2日	鼎盛书店	BK-83021	《计算机基础及MS Office应用》	¥ 36.00	12	¥ 432.00
BTW-08002	2011年1月4日	博达书店	BK-83033	《嵌入式系统开发技术》	¥ 44.00	5	¥ 220
BTW-08003	2011年1月4日	博达书店	BK-83034	《操作系统原理》	¥ 39.00	41	¥ 1,599.00
BTW-08004	2011年1月5日	博达书店	BK-83027	《MySQL数据库程序设计》	¥ 40.00	21	¥ 840.00
BTW-08005	2011年1月6日	鼎盛书店	BK-83028	《MS Office高级应用》	¥ 39.00	32	¥ 1,248.00
BTW-08006	2011年1月9日	鼎盛书店	BK-83029	《网络技术》	¥ 43.00	3	¥ 129.00
BTW-08007	2011年1月9日	博达书店	BK-83030	《数据库技术》	¥ 41.00	1	¥ 41.00
BTW-08008	2011年1月10日	鼎盛书店	BK-83031	《软件测试技术》	¥ 36.00	3	¥ 108.00

图 4-51　根据单价和销量计算每笔订单的销售额

（5）统计所有订单的总销售金额，并将其填写在“统计报告”工作表的B3单元格中。

步骤1：在“统计报告”工作表中的B3单元格输入“=SUM（订单明细表!H3:H636)”，按“Enter”键自动计算并填充所有订单的总销售金额数值，如图4-52所示。

步骤2：分别单击选择B4、B5和B6单元格右下角的填充柄，然后向内拖动清除单元格数据，效果如图4-53所示。

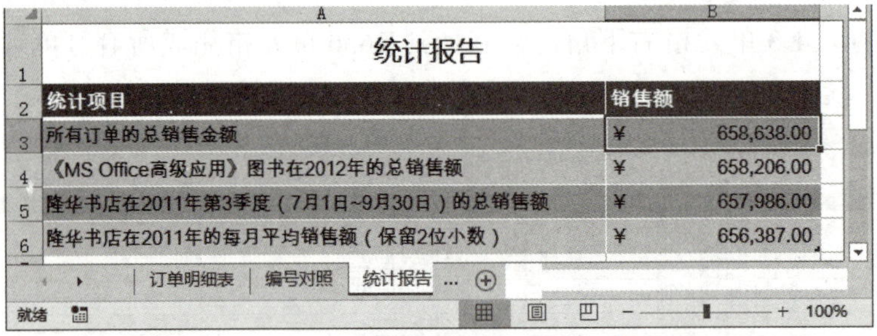

统计报告

统计项目	销售额
所有订单的总销售金额	¥ 658,638.00
《MS Office高级应用》图书在2012年的总销售额	¥ 658,206.00
隆华书店在2011年第3季度（7月1日~9月30日）的总销售额	¥ 657,986.00
隆华书店在2011年的每月平均销售额（保留2位小数）	¥ 656,387.00

图 4-52　统计所有订单的总销售金额

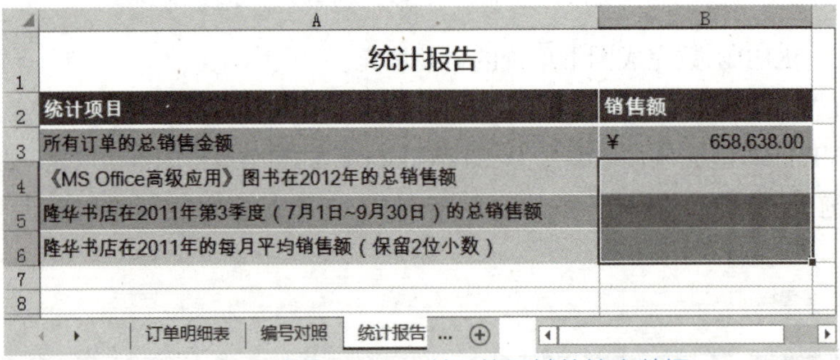

统计报告

统计项目	销售额
所有订单的总销售金额	¥ 658,638.00
《MS Office高级应用》图书在2012年的总销售额	
隆华书店在2011年第3季度（7月1日~9月30日）的总销售额	
隆华书店在2011年的每月平均销售额（保留2位小数）	

图 4-53　清除B3:B6单元格区域的填充数据

（6）统计图书《MS Office高级应用》在2012年的总销售额，并将其填写在“统计报告”工作表的B4单元格中。

步骤1：在“订单明细表”中右击“日期”单元格按钮，在弹出的快捷菜单中选择“排序降序”选项。

步骤2：切换至“统计报告”工作表，在B4单元格中输入“=SUMPRODUCT(1*(订单明细表!E3:E262="《MS Office高级应用》"),订单明细表!H3:H262)”，按“Enter”键确认。B4单元格的填写效果如图4-54所示。

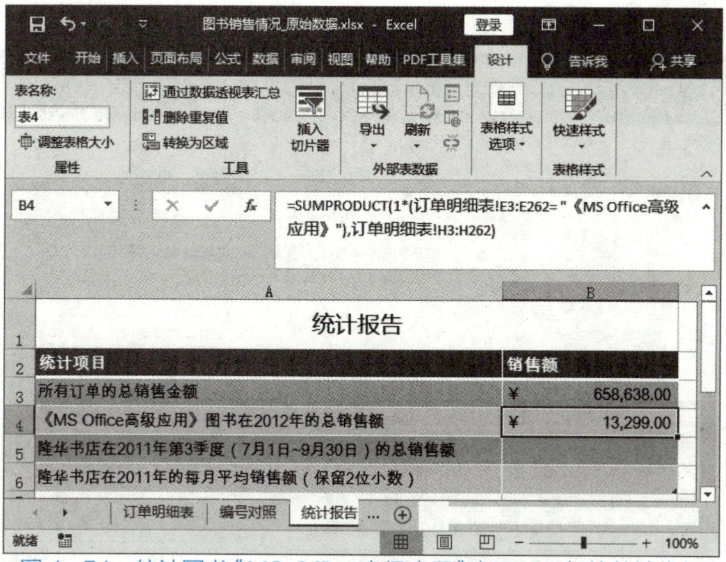

图 4-54　统计图书《MS Office高级应用》在 2012 年的总销售额

（7）统计隆华书店在 2011 年第 3 季度的总销售额，并将其填写在“统计报告”工作表的 B5 单元格中。

步骤 1：在“统计报告”工作表的 B5 单元格中输入“=SUMPRODUCT（1*（订单明细表!C350:C461="隆华书店"),订单明细表!H350:H461)”。

步骤 2：按“Enter”键确认，B5 单元格的填写效果如图 4-55 所示。

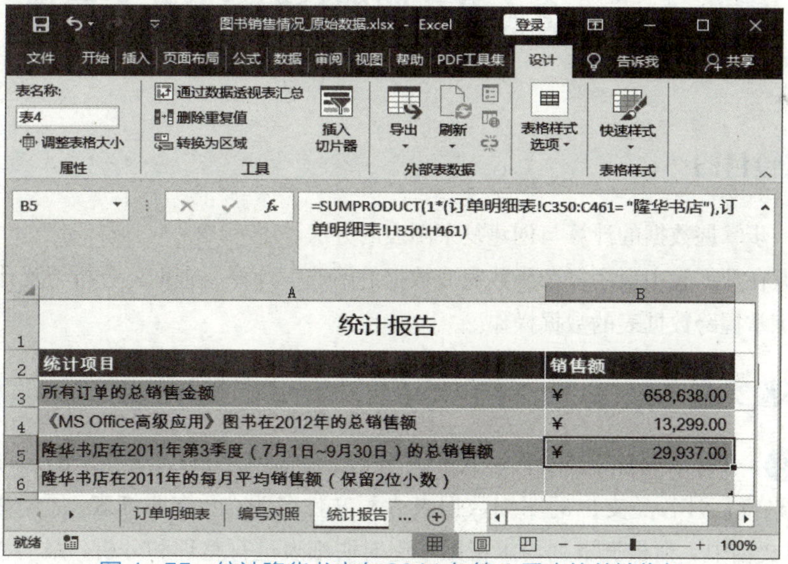

图 4-55　统计隆华书店在 2011 年第 3 季度的总销售额

（8）统计隆华书店在 2011 年的每月平均销售额（保留两位小数），并将其填写在“统计报告”工作表的 B6 单元格中。

步骤 1：在“统计报告”工作表的 B6 单元格中输入“=SUMPRODUCT（1*（订单明细表!C263:C636="隆华书店"），订单明细表!H263:H636)/12”。

步骤 2：按“Enter”键确认，然后设置该单元格格式保留两位小数。B6 单元格的填写效果如图 4－56 所示。

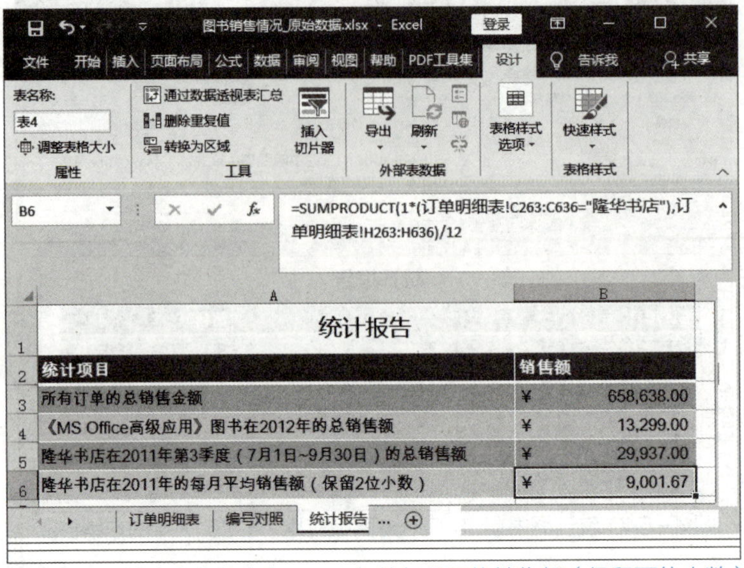

图 4－56　统计隆华书店在 2011 年的每月平均销售额（保留两位小数）

（9）文档的保存。

最后将文档以“图书销售情况_分析和统计结果.xlsx”为文件名保存于自己的文件夹中。

实验 4－5　个人开支明细数据的分析与整理

一、实验目的

（1）进一步掌握数据的计算与创建复杂图表的方法。

（2）掌握在数据表中引用复杂函数完成数据的筛选、计算、查询、分析与统计。

（3）熟练掌握跨数据表的数据操作。

二、实验实例

例 4-12 小赵是一名参加工作不久的大学生，习惯使用Excel表格来记录每月的个人开支情况，小赵将每月各类支出的明细数据录入了文件名为“开支明细表_原始数据.xlsx”的Excel工作簿文档中。请根据下列要求帮助小赵对明细表进行整理和分析，最后以“开支明细表_分析整理结果.xlsx”为文件名保存于自己的文件夹中。开支明细表原始数据如图 4－57 所示，设计样例如图 4－58 和图 4－59 所示，也可打开“开支明细表_分析整理结果（样张）.xlsx”文档查看。

年月	服装服饰	饮食	水电气房租	交通	通信	阅读培训	社交应酬	医疗保健	休闲旅游	个人兴趣	公益活动	总支出
2013年1月	300	800	1100	260	100	100	300	50	180	350	66	
2013年2月	1200	600	900	1000	300	0	2000	0	500	400	66	
2013年3月	50	750	1000	300	200	60	200	200	300	350	66	
2013年4月	100	900	1000	300	100	80	300	0	100	450	66	
2013年5月	150	800	1000	150	200	0	600	100	230	300	66	
2013年6月	200	850	1050	200	100	100	200	230	0	500	66	
2013年7月	100	750	1100	250	900	2600	200	100	0	350	66	
2013年8月	300	900	1100	180	0	80	300	50	100	1200	66	
2013年9月	1100	850	1000	220	0	100	200	130	80	300	66	
2013年10月	100	900	1000	280	0	0	500	0	400	350	66	

小赵的美好生活

图 4-57 开支明细表原始数据

小赵2013年开支明细表

年月	季度	服装服饰	饮食	水电气房租	交通	通信	阅读培训	社交应酬	医疗保健	休闲旅游	个人兴趣
2013年11月	第4季度	¥200	¥900	¥1,000	¥120	¥0	¥50	¥100	¥100	¥0	¥420
2013年4月	第2季度	¥100	¥900	¥1,000	¥300	¥100	¥80	¥300	¥0	¥100	¥450
2013年3月	第1季度	¥50	¥750	¥1,000	¥300	¥200	¥60	¥200	¥200	¥300	¥350
2013年6月	第2季度	¥200	¥850	¥1,050	¥200	¥100	¥100	¥200	¥230	¥0	¥500
2013年5月	第2季度	¥150	¥800	¥1,000	¥150	¥200	¥0	¥600	¥100	¥230	¥300
2013年10月	第4季度	¥100	¥900	¥1,000	¥280	¥0	¥0	¥500	¥0	¥400	¥350
2013年1月	第1季度	¥300	¥800	¥1,100	¥260	¥100	¥100	¥300	¥50	¥180	¥350
2013年9月	第3季度	¥1,100	¥850	¥1,000	¥220	¥0	¥100	¥200	¥130	¥80	¥300
2013年12月	第4季度	¥300	¥1,050	¥1,100	¥350	¥0	¥80	¥500	¥60	¥200	¥400
2013年8月	第3季度	¥300	¥900	¥1,100	¥180	¥0	¥80	¥300	¥50	¥100	¥1,200
2013年7月	第3季度	¥100	¥750	¥1,100	¥250	¥900	¥2,600	¥200	¥100	¥0	¥350

小赵的美好生活 按季度汇总 折线图

图 4-58 “按季度汇总”数据表

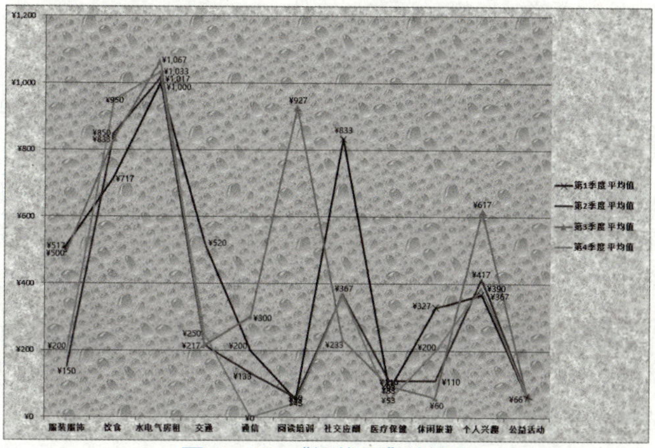

图 4-59 “折线图”数据表

本例处理要求如下。

（1）打开“开支明细表_原始数据.xlsx”文档，在工作表“小赵的美好生活”的第一行添加表标题“小赵 2013 年开支明细表”，并通过合并单元格，放于整个表的上端、居中。

（2）将工作表应用一种主题，并增大字号，适当加大行高列宽，设置居中对齐方式，除表标题“小赵 2013 年开支明细表”外，为工作表分别增加恰当的边框和底纹，以使工作表更加美观。

（3）将每月各类支出及总支出对应的单元格数据类型都设置为“货币”类型，无小数、有人民币货币符号。

（4）通过函数计算每个月的总支出、各个类别月均支出、每月平均总支出，并按每个月总支出升序对工作表进行排序。

（5）利用“条件格式”功能将月单项开支金额中大于1 000元的数据所在单元格以不同的字体颜色与填充颜色突出显示；将月总支出额中大于月均总支出110%的数据所在单元格以另一种颜色显示，所用颜色浅深以不遮挡数据为宜。

（6）在“年月”与“服装服饰”列之间插入新列“季度”，数据根据月份由函数生成，例如，1~3月对应“第1季度”，4~6月对应“第2季度”。

（7）复制工作表“小赵的美好生活”，将副本放置到原表右侧；改变该副本表标签的颜色，并重命名为“按季度汇总”；删除“月均开销”对应行。

（8）通过分类汇总功能，按季度升序求出每个季度各类开支的月均支出金额。

（9）在“按季度汇总”工作表后面新建名为“折线图”的工作表，在该工作表中以分类汇总结果为基础，创建一个带数据标记的折线图，水平轴标签为各类开支，对各类开支的季度平均支出进行比较，给每类开支的最高季度月均支出值添加数据标签。

本例操作步骤如下。

（1）合并单元格并输入表标题。

步骤1：打开“开支明细表_原始数据.xlsx”文档。

步骤2：在“小赵的美好生活”工作表中选择A1:M1单元格区域。

步骤3：在“开始”选项卡的“对齐方式”组中单击“合并后居中”按钮，在弹出的下拉列表中再次选择“合并后居中”选项，然后输入“小赵2013年开支明细表”文字，按“Enter”键完成输入，并设置为楷体、20磅、加粗、深红色字体。

（2）对工作表进行格式化。

步骤1：选择工作表标签，单击鼠标右键按钮，在弹出的快捷菜单中选择“工作表标签颜色”选项，为工作表标签添加“橙色”主题。

步骤2：选择A1:M1单元格区域，切换至“开始”选项卡的“单元格”组中，通过单击“格式”下拉按钮，将“行高”设置为“30”，“列宽”设置为“10”。选择A2:M15单元格区域，将“字号”设置为“12”，将“行高”设置为“20”。将A2:M2单元区域的字形加粗。

步骤3：选择A2:M15单元格区域，切换至“开始”选项卡的“对齐方式”组中，单击“设置单元格格式：对齐方式”按钮，打开“设置单元格格式”对话框，在“对齐”选项卡下将“水平对齐”“垂直对齐”均设置为“居中”，如图4-60所示。

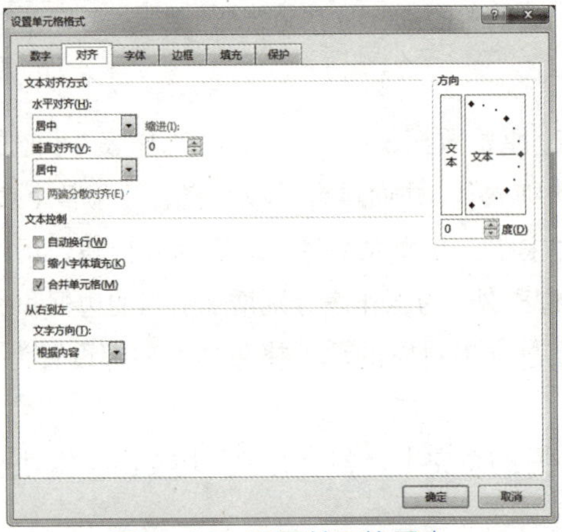

图4-60　设置单元格居中

步骤 4：切换至“边框”选项卡，选择默认线条样式，将颜色设置为“标准色”中的“红色”，在“预置”选项组中单击“外边框”和“内部”按钮，如图 4-61 所示。

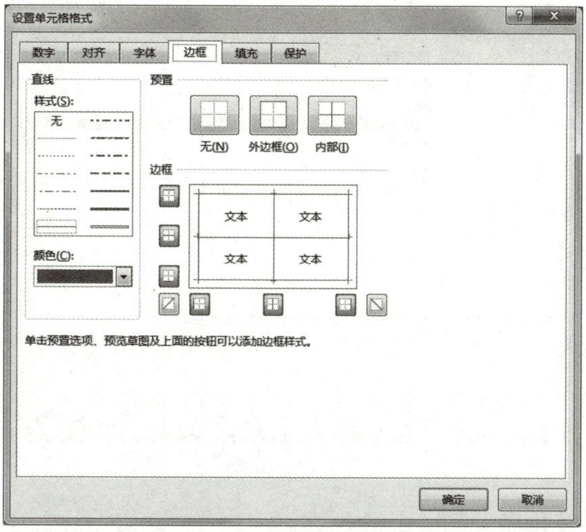

图 4-61　设置表格边框

步骤 5：切换至“填充”选项卡，选择一种背景颜色，此处选择浅绿色，如图 4-62 所示，单击“确定”按钮。

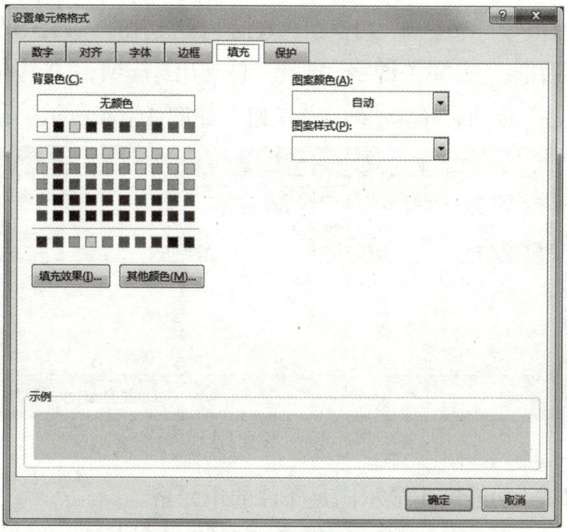

图 4-62　设置表格填充色

（3）设置各类支出及总支出对应的单元格数据类型。

步骤 1：选择 B3:M15 单元格区域，在选定内容上单击鼠标右键按钮，在弹出的快捷菜单中选择“设置单元格格式”选项。

步骤 2：在弹出的“设置单元格格式”对话框中，切换至“数字”选项卡，在“分类”框中选择“货币”选项，将“小数位数”设置为“0”，确定“货币符号”为人民币符号（默认），单击“确定”按钮，如图 4-63 所示。

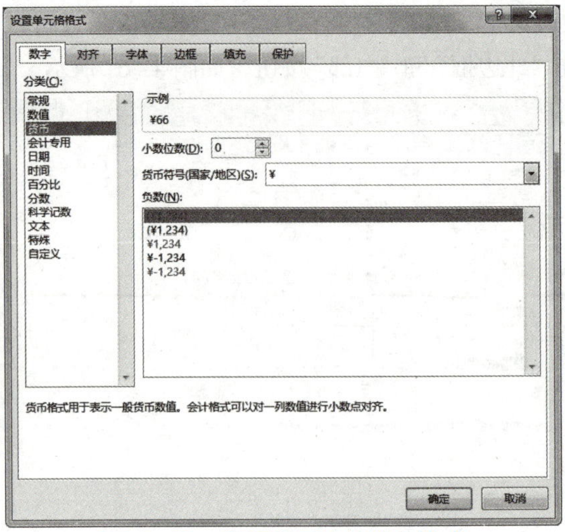

图 4-63　设置单元格的数字格式

（4）计算所列项目及排序。

步骤 1：选择M3 单元格，输入公式“= SUM（B3∶L3)”后按“Enter”键确认，拖动M3 单元格的填充柄填充至M14 单元格；选择B15 单元格，输入公式“= AVERAGE（B3∶B14)”后按“Enter”键确认，拖动B15 单元格的填充柄填充至M15 单元格。

步骤2：选择A2∶M14单元格区域,切换至“数据”选项卡的“排序和筛选”组中单击“排序”按钮，弹出“排序”对话框,“主要关键字”选择“总支出”选项,“排序依据”选择“单元格值”选项,“次序”选择“升序”选项，单击“确定”按钮，如图 4-64 所示。

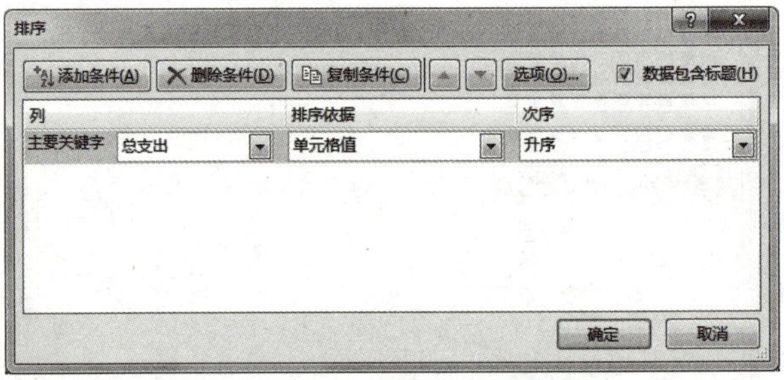

图 4-64　按月总支出升序排序

（5）利用“条件格式”功能突出显示满足条件的单元格。

步骤 1：选择B3∶L14 单元格区域，切换至“开始”选项卡的“样式”组中单击“条件格式”下拉按钮，在弹出的下拉列表中选择“突出显示单元格规则大于”选项。打开“大于”对话框，在“为大于以下值的单元格设置格式”文本框中输入“1000”，使用默认设置“浅红填充色深红色文本”，单击“确定”按钮，如图 4-65 所示。

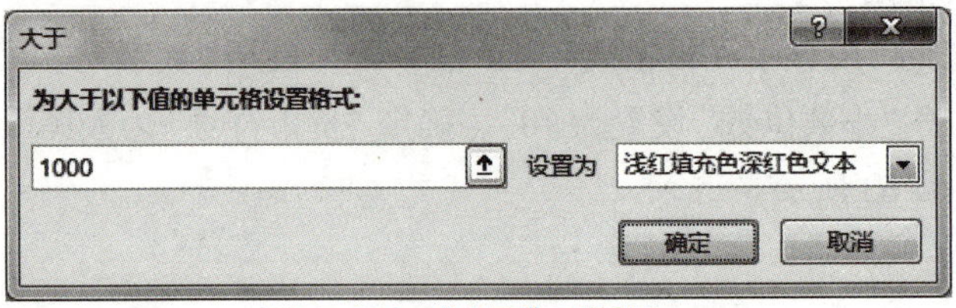

图 4-65　“大于”对话框一

步骤 2：选择M3:M14 单元格区域，切换至“开始”选项卡的“样式”组中单击“条件格式”下拉按钮，在弹出的下拉列表中选择“突出显示单元格规则大于”选项，打开“大于”对话框，在“为大于以下值的单元格设置格式”文本框中输入“=$M$15*110%”，设置颜色为“浅红填充色深红色文本”，单击“确定”按钮，如图 4-66 所示。

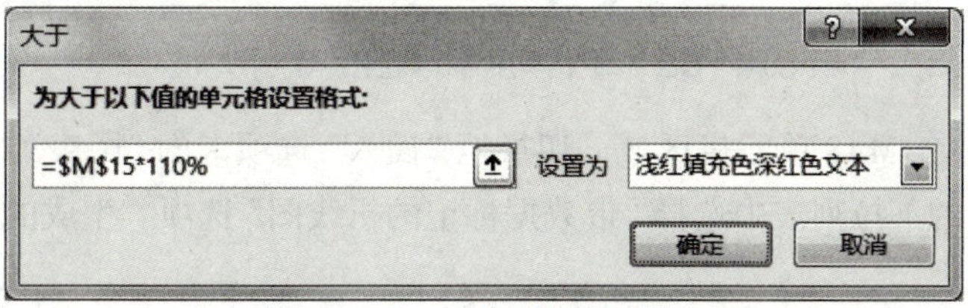

图 4-66 “大于”对话框二

（6）在“年月”与“服装服饰”列之间插入新列“季度”，季度值由函数生成。

步骤 1：选择B列任意单元格，单击“开始”→“单元格”→“插入”下拉按钮，在弹出的下拉列表中选择“插入工作表列”选项，则新插入一列，选择B2 单元格，输入文本“季度”。

步骤 2：选择B3 单元格，输入“="第"&INT(1+(MONTH(A3)-1)/3)&"季度"”，按“Enter”键确认，拖动B3 单元格的填充柄至B14 单元格。

（7）复制工作表，将副本放置于原表右侧。

步骤1：在“小赵的美好生活”工作表标签处右击，在弹出的快捷菜单中选择“移动或复制”选项，在弹出的对话框中勾选“建立副本”复选框，在“下列选定工作表之前”中选择“移至最后”选项，单击“确定”按钮。

步骤 2：在“小赵的美好生活（2）”标签处右击，在弹出的快捷菜单中选择“工作表标签颜色”选项，为工作表标签添加“红色”主题。

步骤 3：在“小赵的美好生活（2）”标签处右击，选择“重命名”选项，输入文本“按季度汇总”；选中“按季度汇总”工作表的第 15 行任意单元格，切换至“开始”选项卡的“单元格”组中，单击“删除”下拉按钮，在弹出的下拉列表中选择“删除工作表行”选项，则第 15 行被删除。

（8）按季度分类汇总。

步骤 1：选择“按季度汇总”工作表，选中“季度”列任意单元格，在“数据”选项卡的“排序和筛选”组中单击“升序”按钮。

步骤 2：选中A2:N14 单元格区域。切换至“数据”选项卡的“分级显示”组中单击“分类汇总”按钮，打开“分类汇总”对话框，如图 4-67 所示，在“分类字段”中选择“季度”选项，在“汇总方式”中选择“平均值”选项，在“选定汇总项”中不勾选“年月”“季度”“总支出”，其余全选，单击“确定”按钮。

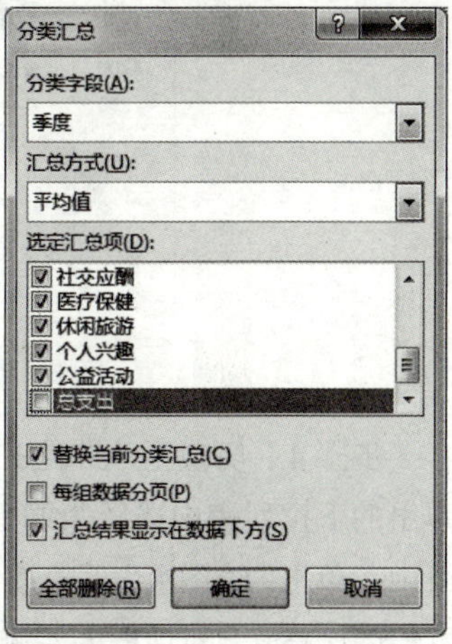

图 4-67 “分类汇总”对话框

（9）新建名为“折线图”的工作表，创建一个带数据标记的折线图。

步骤 1：单击“按季度汇总”工作表左上角的标签数字

“2”（在全选按钮左侧），如图 4-68 所示。图中仅显示每个季度平均值和总计平均值。

小赵2013年开支明细表

年月	季度	服装服饰	饮食	水电气房租	交通	通信	阅读培训	社交应酬	医疗保健	休闲旅游	个人兴趣	公益活动	总支出
	第1季度 平均值	¥517	¥717	¥1,000	¥520	¥200	¥53	¥833	¥83	¥327	¥367	¥66	
	第2季度 平均值	,C7:C9)	¥850	¥1,017	¥217	¥133	¥60	¥367	¥110	¥110	¥417	¥66	
	第3季度 平均值	¥500	¥833	¥1,067	¥217	¥300	¥927	¥233	¥93	¥60	¥617	¥66	
	第4季度 平均值	¥200	¥950	¥1,033	¥250	¥0	¥43	¥367	¥53	¥200	¥390	¥66	
	总计平均值	¥342	¥838	¥1,029	¥301	¥158	¥271	¥450	¥85	¥174	¥448	¥66	

图 4-68 每个季度平均值和总计平均值

步骤 2：选择 B2:M18 单元格区域，切换至“插入”选项卡的“图表”组中单击“折线图”下拉按钮，在弹出的下拉列表中选择“带数据标记的折线图”选项。生成的初始化折线图表如图 4-69 所示。

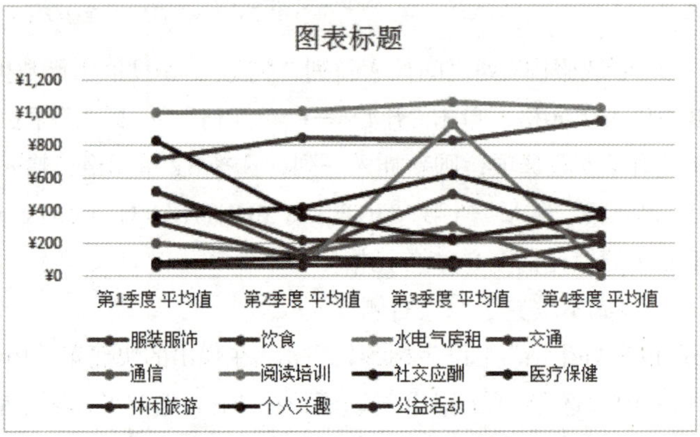

图 4-69 创建的初始化折线图

步骤 3：选择图表，切换至“图表工具设计”选项卡的“数据”组中，单击“切换行/列”按钮，将图例转换为每个季度平均值，如图 4-70 所示。

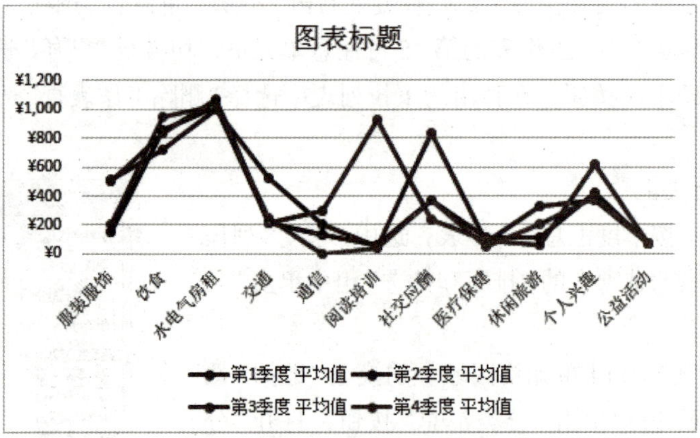

图 4-70 将每个季度平均值转换为图例后的显示效果

步骤 4：切换至“图表工具格式”选项卡的“形状样式”组中，单击“形状填充”按钮，在弹出的下拉列表中选择“纹理”→“花束”选项；切换至“图表工具”→“布局”选项卡的“背景”组中，单击“绘图区”下拉按钮，在弹出的下拉列表中选择“其他绘图区”选项，在打开的“设置绘图区格式”对话框的左侧框中选择“填充”选项，右侧“填充”框中选择“图片或纹理填充”选项，然后单击“纹理”按钮，在弹出的下拉列表中选择“水滴”选项，如图 4-71 所示。

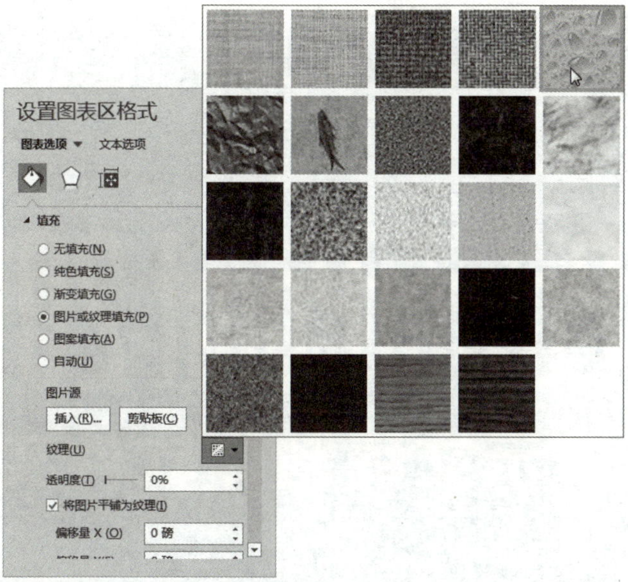

图 4-71　对绘图区设置“纹理水滴”填充

步骤 5：在图表上单击鼠标右键，在弹出的快捷菜单中选择“移动图表”选项，弹出“移动图表”对话框，选中“新工作表”选项，输入工作表名称“折线图”，单击“确定”按钮。

步骤 6：选择“折线图”工作表标签，单击鼠标右键，在弹出的快捷菜单中选择“工作表标签颜色”选项，为工作表标签添加“蓝色”主题；在标签处单击鼠标右键，选择“移动或复制”选项，弹出“移动或复制工作表”对话框，在“下列选定工作表之前”中选择“移至最后”选项，单击“确定”按钮。

步骤 7：选择图表，切换至“图表工具布局”选项卡的“标签”组中单击“数据标签”下拉按钮，在弹出的下拉列表中选择“居中”选项。

（10）保存文档。

全部操作完成后，以“开支明细表_分析整理结果.xlsx”为文件名保存于自己的文件夹中。

第 5 章
PowerPoint 2016
演示文稿制作软件实验

本章学习综合运用演示文稿，设置幻灯片主题及母版，插入表格、SMART图形、图片、图形、音乐等元素，以及演示文稿的放映设置等实践知识。PPT能够设置丰富多彩的动态表达，表达更多抽象以及设想的内容，通过一步步呈现，模拟出可能的过程，让自己掌握的理论知识变成行动，让学生在今后的学习和工作中能够更好地展示自己。

实验 5-1 PowerPoint 2016 的基本操作

一、实验目的

（1）熟练掌握 PowerPoint 2016 的启动与退出。

（2）熟悉 PowerPoint 2016 的操作界面。

（3）熟练掌握演示文稿创建、保存、关闭的操作方法。

（4）熟练掌握幻灯片的插入、复制、移动、删除等基本操作。

二、实验示例

例 5-1 PowerPoint 2016 的启动与退出。

（1）启动 PowerPoint 2016 主要有以下 3 种方法。

①单击“开始”按钮，打开“开始”菜单，选择“PowerPoint 2016”选项，如图 5-1 所示。显示启动画面，启动 PowerPoint 2016，如图 5-2 所示。

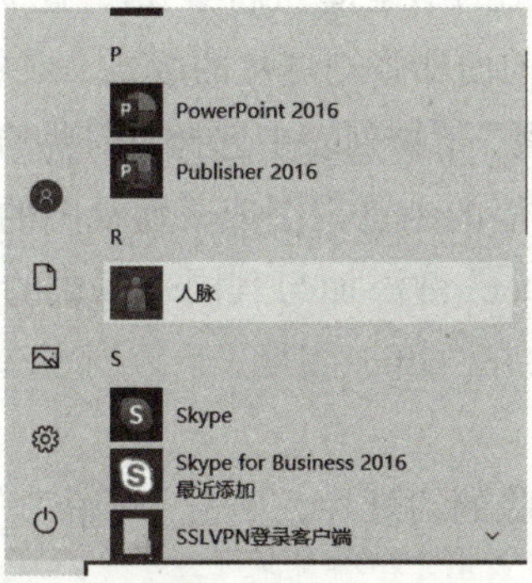

图 5-1 选择“PowerPoint 2016”命令

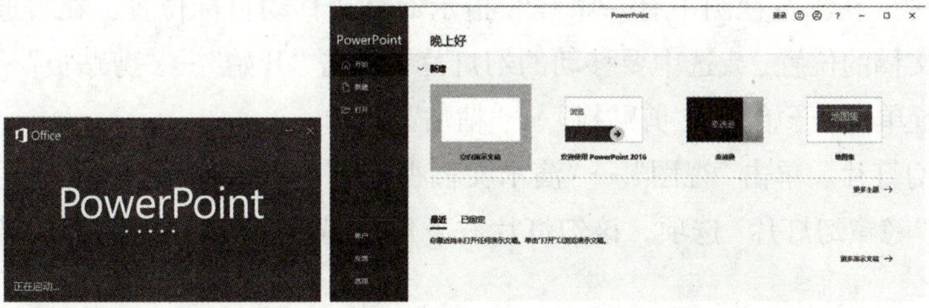

图 5-2 启动界面

②双击桌面 PowerPoint 2016 快捷图标。

③通过文件资源管理器选定要打开的 PowerPoint 文档，双击文档名即可启动 PowerPoint 2016 应用程序，同时打开该文档。

（2）关闭 PowerPoint 2016 应用程序有以下 3 种方法。

①单击窗口右上角的“关闭”按钮。

②选择“文件”→“关闭”选项。

③按“Alt+F4”组合键。

如果在退出操作之前，已被修改的演示文稿还没有被保存，那么在退出PowerPoint时将会显示一个确认对话框询问用户“是否保存对演示文稿1的更改？”，如图5-3所示，单击“保存”按钮，保存所做的修改；单击“不保存”按钮放弃所做的修改，直接关闭当前的演示文稿退出PowerPoint；单击“取消”按钮，则返回编辑状态。

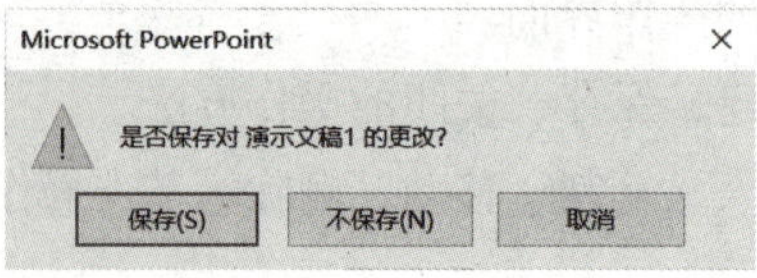

图5-3　提示对话框

例5-2 演示文稿的创建、保存、演示文稿中幻灯片的编辑。

（1）新建空白演示文稿。单击“开始”→“PowerPoint 2016”按钮，启动PowerPoint 2016，进入启动界面，在“开始”界面选择“空白演示文稿”选项，或在“新建”界面选择默认设计模板新建一个文件名为演示文稿1.pptx的演示文档。

（2）新建幻灯片。在大纲视图的结尾按“Enter”键，此时在演示文稿的结尾处出现一张新幻灯片，该幻灯片默认直接套用前面那张幻灯片的版式，或单击“开始”→“幻灯片”→“新建幻灯片”下拉按钮，在“Office主题”下拉列表中选择所需要的版式。

（3）插入幻灯片。在演示文稿的浏览视图或普通视图的大纲窗格中，选择要在其后插入新幻灯片的幻灯片，直接按“Enter”键添加与其同一版式的幻灯片；或单击“开始”→“幻灯片”→“新建幻灯片”下拉按钮，在“Office主题”下拉列表选择一个合适的版式，单击即可完成插入。

（4）删除幻灯片。选择要删除的幻灯片，单击“开始”→“剪贴板”→“剪切”按钮，或按“Delete”键。

（5）调整幻灯片的位置。选中要移动的幻灯片，按住鼠标左键，拖动到合适的位置松手，在拖动的过程中，在浏览视图中有一条竖线指示幻灯片移动目标位置，在普通视图下有一条横线指示演示文稿的位置；或选中要移动的幻灯片，单击“开始”→“剪贴板”→“剪切”按钮，然后在目标位置单击“开始”→“剪贴板”→“粘贴”按钮。

（6）隐藏幻灯片。单击“视图”→“演示文稿视图”→“幻灯片浏览”按钮，右击要隐藏的幻灯片，选择“隐藏幻灯片”选项，该幻灯片右下角的编号上出现一条斜杠，表示该幻灯片已被隐藏。

若想取消隐藏，则选中该幻灯片，再一次单击“隐藏幻灯片”按钮。

（7）为幻灯片编号和插入页眉页脚。单击“插入”→“文本”→“幻灯片编号”按钮，出现如图5-4所示的对话框，进行相应的设置。根据需要单击“全部应用”按钮或“应用”按钮。

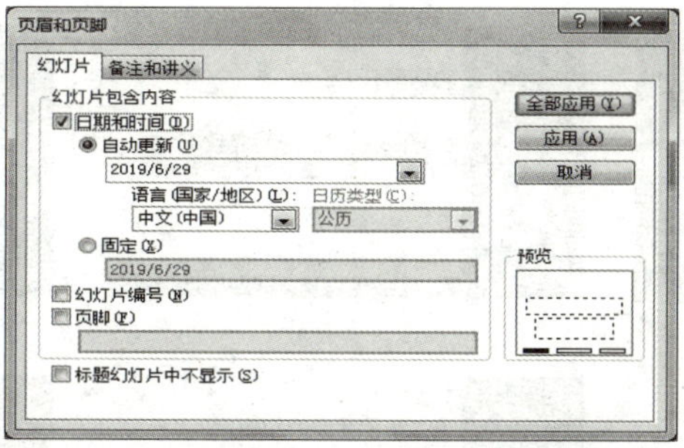

图 5-4　设置幻灯片编号及页眉页脚

（8）保存和关闭演示文稿。单击“文件”→“保存”按钮，如果演示文稿是第一次保存，则系统会弹出“另存为”对话框，由用户选择保存文件的位置和名称，或单击快速访问工具栏中的“保存”按钮。

注意 PowerPoint 2016 生成的文档文件默认扩展名是“.pptx”，这是一个向下兼容的文件类型，如果希望将演示文稿保存为早期的PowerPoint版本可以打开的文件，则在“另存为”对话框的“保存类型”下拉列表中选择“PowerPoint 97－2003 演示文稿”选项。

实验 5-2　演示文稿的外观设计及内容编辑

一、实验目的

（1）学会利用主题、母版、背景等设计演示文稿的外观。

（2）学会在演示文稿中插入各种对象，如文本框、图片、图表、SmartArt 图形、媒体文件、页眉页脚等。

（3）学会在演示文稿中设置背景音乐的方法。

二、实验示例

例 5-3 制作一个简单的人工智能概述的PowerPoint 演示文稿，效果如图 5-5 所示，设计要求如下。

（1）新建一个空白演示文稿，将其命名为“人工智能概述.pptx”（.pptx 为文件扩展名）。

（2）选择内置的主题“回顾”，并应用于所有的幻灯片。

（3）将幻灯片大小设置为“宽屏（16∶9）”。

（4）按照如下要求修改幻灯片母版。

① 将幻灯片母版名称修改为“人工智能概述”；母版标题应用“填充：橙色，主题色 2，边框：橙色，主题色 2”的艺术字样式，字体为“微软黑”，并应用加粗效果；母版各级文本样式设置为“宋体”，文字颜色为“黑色”。

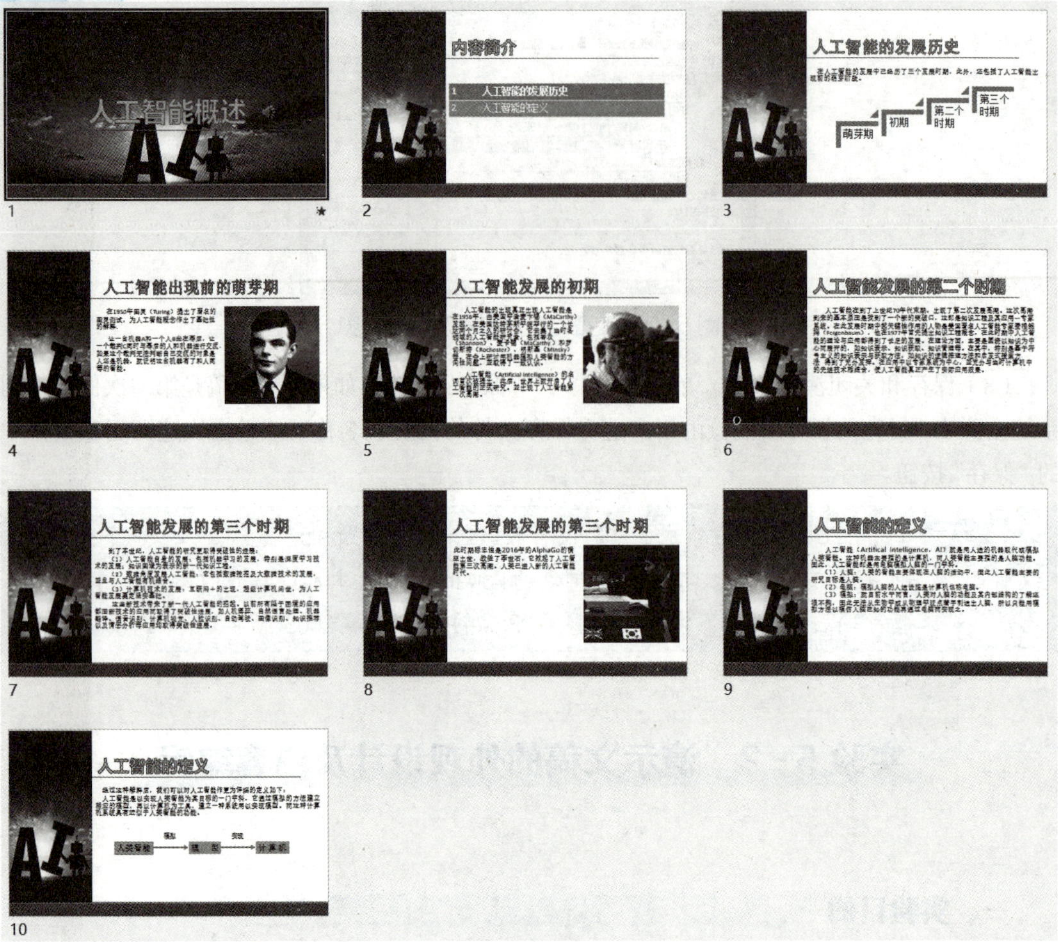

图 5-5　完成效果.pptx

② 使用如图 5-6 所示的“图片 1.jpg”作为标题幻灯片版式的背景。

③ 新建名为“人工智能概述 1”的自定义版式，在该版式中插入如图 5-7 所示的“图片 2.jpg”，并对齐幻灯片左侧边缘；调整标题占位符的宽度为 24 cm，将其置于图片右侧；在标题占位符下方插入内容占位符，宽度为 24 cm，高度为 9.5 cm，并与标题占位符左对齐。

图 5-6　图片 1.jpg

图 5-7　图片 2.jpg

④ 依据“人工智能概述 1”版式创建名为“人工智能概述 2”的新版式，在“人工智能概述 2”版式中将内容占位符的宽度调整为 13.5 cm（保持与标题占位符左对齐）；在内容占位符右侧插入宽度为 10 cm、高度为 10 cm 的图片占位符，并与左侧的内容占位符顶端对齐，与上方的标

题占位符右对齐。

（5）演示文稿共包含 10 张幻灯片，所涉及的文字内容保存在图 5-8 所示的“文字素材.docx”文档中，具体所对应的幻灯片可参照如图 5-5 所示的“完成效果.pptx”文档所示样例。其中第 1 张幻灯片版式为“标题幻灯片”，第 2、第 3、第 6、第 7、第 9、第 10 张幻灯片的版式为“人工智能概述 1”，第 4、第 5、第 8 张幻灯片的版式为“人工智能概述 2”；所有幻灯片中的文字字体保持与母版中的设置一致。

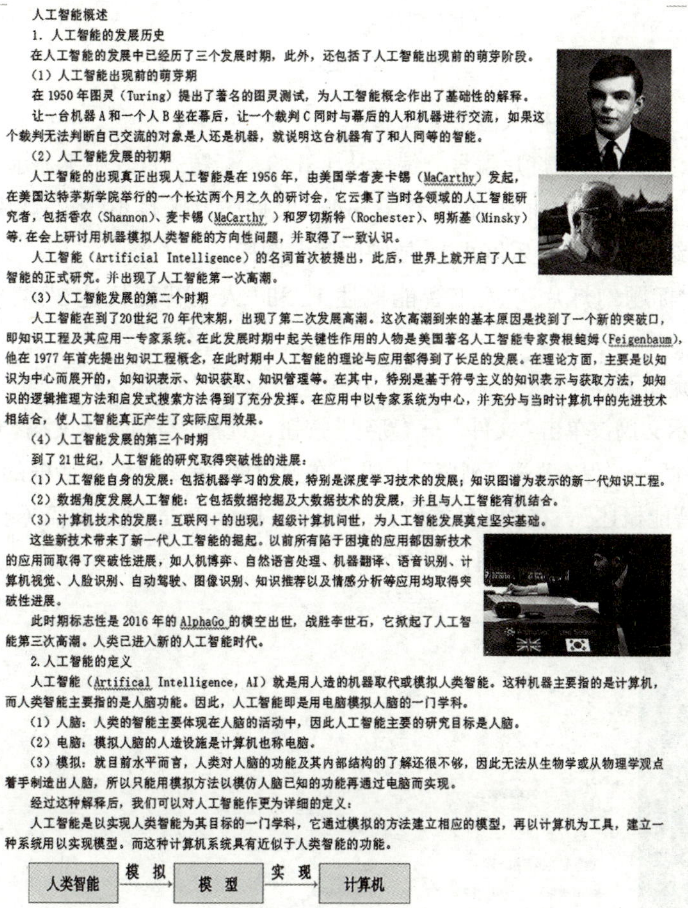

人工智能概述

1. 人工智能的发展历史

在人工智能的发展中已经历了三个发展时期，此外，还包括了人工智能出现前的萌芽阶段。

（1）人工智能出现前的萌芽期

在 1950 年图灵（Turing）提出了著名的图灵测试，为人工智能概念作出了基础性的解释。

让一台机器 A 和一个人 B 坐在幕后，让一个裁判 C 同时与幕后的人和机器进行交流，如果这个裁判无法判断自己交流的对象是人还是机器，就说明这台机器有了和人同等的智能。

（2）人工智能发展的初期

人工智能的出现真正出现人工智能是在 1956 年，由美国学者麦卡锡（MaCarthy）发起，在美国达特茅斯学院举行的一个长达两个月之久的研讨会，它云集了当时各领域的人工智能研究者，包括香农（Shannon）、麦卡锡（MaCarthy ）和罗切斯特（Rochester）、明斯基（Minsky）等.在会上研讨用机器模拟人类智能的方向性问题，并取得了一致认识。

人工智能（Artificial Intelligence）的名词首次被提出，此后，世界上就开启了人工智能的正式研究。并出现了人工智能第一次高潮。

（3）人工智能发展的第二个时期

人工智能在到了20世纪 70 年代末期，出现了第二次发展高潮。这次高潮到来的基本原因是找到了一个新的突破口，即知识工程及其应用一专家系统。在此发展时期中起关键性作用的人物是美国著名人工智能专家费根鲍姆（Feigenbaum），他在 1977 年首先提出知识工程概念，在此时期中人工智能的理论与应用都得到了长足的发展。在理论方面，主要是以知识为中心而展开的，如知识表示、知识获取、知识管理等。在其中，特别是基于符号主义的知识表示与获取方法，如知识的逻辑推理方法和启发式搜索方法得到了充分发挥。在应用中以专家系统为中心，并充分与当时计算机中的先进技术相结合，使人工智能真正产生了实际应用效果。

（4）人工智能发展的第三个时期

到了 21 世纪，人工智能的研究取得突破性的进展：

（1）人工智能自身的发展：包括机器学习的发展，特别是深度学习技术的发展；知识图谱为表示的新一代知识工程。

（2）数据角度发展人工智能：它包括数据挖掘及大数据技术的发展，并且与人工智能有机结合。

（3）计算机技术的发展：互联网＋的出现，超级计算机问世，为人工智能发展奠定坚实基础。

这些新技术带来了新一代人工智能的掘起。以前所有陷于困境的应用都因新技术的应用而取得了突破性进展，如人机博弈、自然语言处理、机器翻译、语音识别、计算机视觉、人脸识别、自动驾驶、图像识别、知识推荐以及情感分析等应用均取得突破性进展。

此时期标志性是 2016 年的 AlphaGo 的横空出世，战胜李世石，它掀起了人工智能第三次高潮。人类已进入新的人工智能时代。

2. 人工智能的定义

人工智能（Artifical Intelligence，AI）就是用人造的机器取代或模拟人类智能。这种机器主要指的是计算机，而人类智能主要指的是人脑功能。因此，人工智能即是用电脑模拟人脑的一门学科。

（1）人脑：人类的智能主要体现在人脑的活动中，因此人工智能主要的研究目标是人脑。

（2）电脑：模拟人脑的人造设施是计算机也称电脑。

（3）模拟：就目前水平而言，人类对人脑的功能及其内部结构的了解还很不够，因此无法从生物学或从物理学观点着手制造出人脑，所以只能用模拟方法以模仿人脑已知的功能再通过电脑而实现。

经过这种解释后，我们可以对人工智能作更为详细的定义：

人工智能是以实现人类智能为其目标的一门学科，它通过模拟的方法建立相应的模型，再以计算机为工具，建立一种系统用以实现模型。而这种计算机系统具有近似于人类智能的功能。

人类智能 —模 拟→ 模 型 —实 现→ 计算机

图 5-8 “文字素材.docx”文档

（6）将第 2 张幻灯片中的文字转换为 2 行 2 列的表格，适当调整表格的行高、列宽，选择表格样式为“主题样式 2，强调 1”，字体为“宋体”，字号为“28”。

（7）在第 3 张幻灯片中插入 SmartArt 图形，版式为“步骤上移流程”。

（8）将第 4、第 5、第 8 张幻灯片的右侧图片占位符中分别插入如图 5-9 所示的图片 3、图片 4、图片 5。

（a）图片 3　　（b）图片 4　　（c）图片 5

图 5-9　图片示例

（9）在第 10 张幻灯片中插入图形。

（10）为演示文稿插入幻灯片编号，编号从 1 开始，标题幻灯片中不显示编号。

（11）在第 1 张幻灯片中插入“背景音乐.m4a”文件作为第 1~10 张幻灯片的背景音乐（第 10 张幻灯片放映结束后背景音乐停止），放映时隐藏图标。

（12）删除“标题幻灯片”“人工智能概述 1”和“人工智能概述 2”之外的其他幻灯片版式。

具体操作步骤如下。

（1）新建演示文稿。单击“文件”→“新建”按钮，选择“空白演示文稿”选项，如图 5-10 所示。单击“文件”→“保存”→“浏览”按钮，在弹出的“另存为”对话框的“文件名：”文本框中输入“人工智能概述”，在“保存类型：”中选择“PowerPoint 演示文稿（*.pptx）”选项，选择一个保存位置，单击“保存”按钮，如图 5-11 所示。

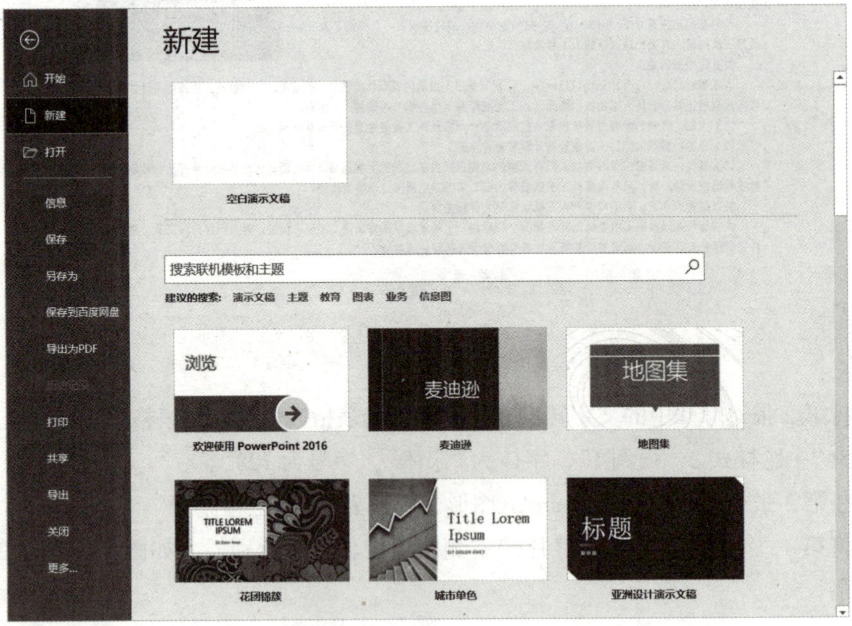

图 5-10　新建空白演示文档

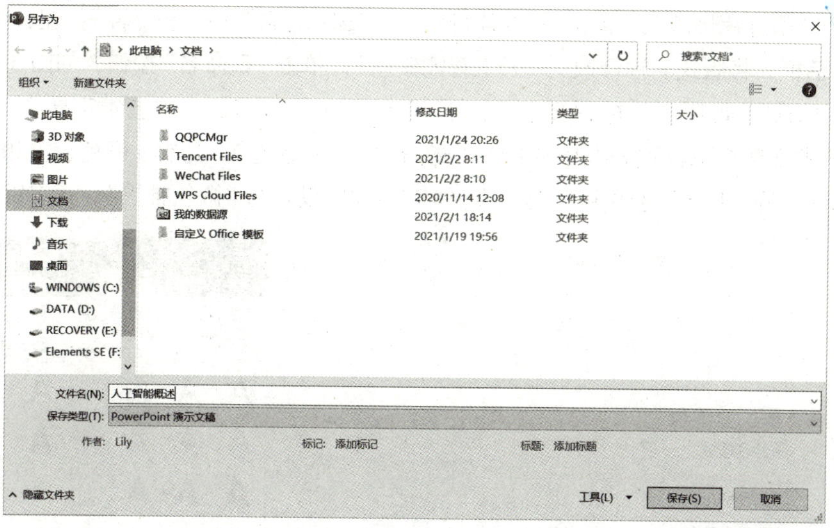

图 5-11 "另存为"对话框

（2）设置主题。单击"设计"→"主题"→"其他"按钮，在打开的下拉列表中选择"回顾"主题，如图 5-12 所示。

（3）设置幻灯片大小。单击"设计"→"自定义"组→"幻灯片大小"按钮，在打开的下拉列表中选择"宽屏（16∶9）"选项，如图 5-13 所示。

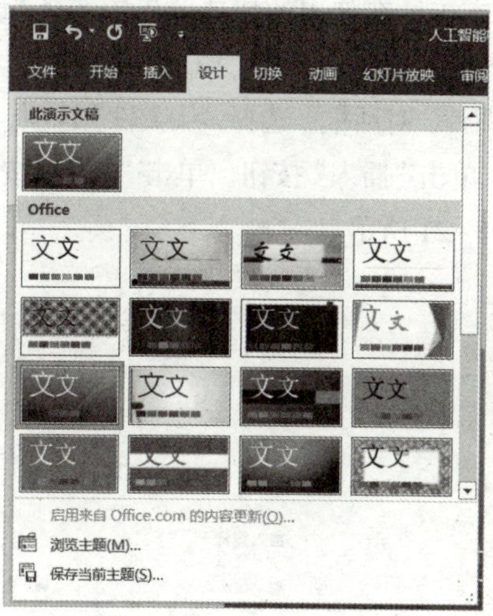

图 5-12 选择"回顾"主题

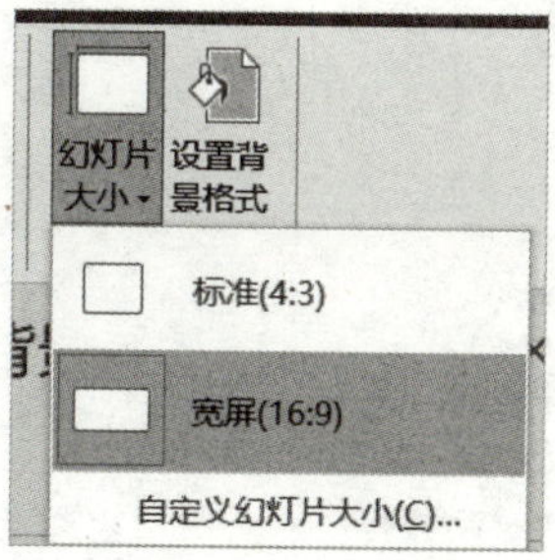

图 5-13 设置宽屏

（4）设计幻灯片母版。

① 单击"视图"→"母版视图"→"幻灯片母版"按钮，如图 5-14 所示，进入幻灯片母版视图设计界面，出现"幻灯片母版"功能区，如图 5-15 所示。

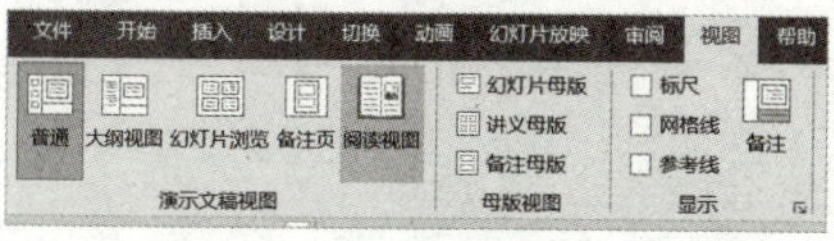

图 5-14 "幻灯片母版"按钮

图 5-15 "幻灯片母版"功能区

② 选定“幻灯片母版”，单击“幻灯片母版”→“编辑母版”→“重命名”按钮，弹出“重命名版式”对话框，将版式名称修改为“人工智能概述”，单击“重命名”按钮，如图 5-16 所示。

③ 选中幻灯片母版中的标题文本框，单击“绘图工具/格式”→“艺术字样式”→“其他”按钮，在艺术字样式下拉列表框中选择“填充：橙色，主题色 2，边框：橙色，主题色 2”，如图 5-17 所示。在“开始”选项卡“字体”组中将“字体”设置为“微软雅黑”，并应用加粗效果。

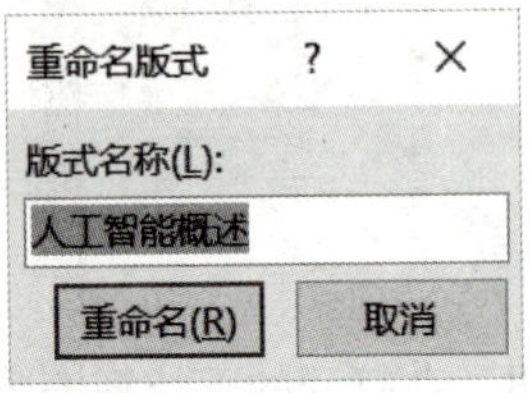

图 5-16 “重命名版式”对话框

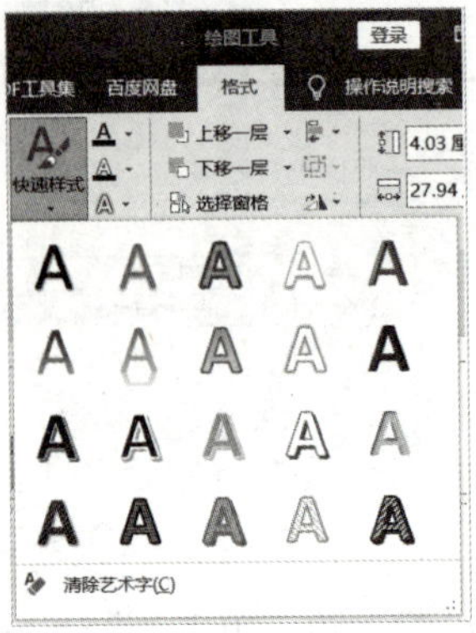

图 5-17 艺术字样式下拉列表

④ 选中下方的各级母版文本，在“字体”组中将“字体”设置为“宋体”，文字颜色设置为“黑色”。

⑤ 在母版视图中选中“标题幻灯片”版式，右击，在弹出的快捷菜单中选择“设置背景格式”选项，如图 5-18 所示，右侧出现“设置背景格式”窗格，在“填充”选项中选择“图片或纹理填充”选项，单击“插入”按钮，弹出“插入图片”对话框，选择“从文件”选项，如图 5-20 所示，在打开的对话框中选择“图片 1.jpg”文件，单击“插入”按钮。单击“关闭”按钮关闭“设置背景格式”窗格。“标题幻灯片”版式效果如图 5-21 所示。

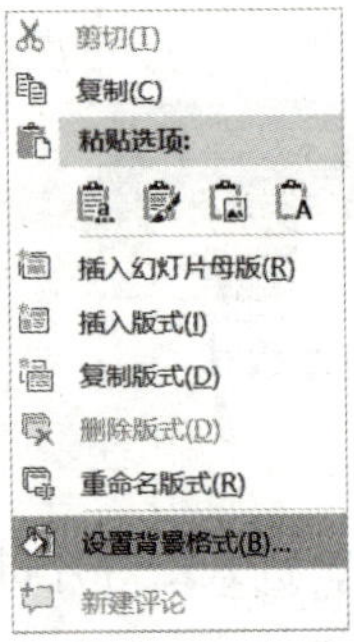

图 5-18 设置背景格式

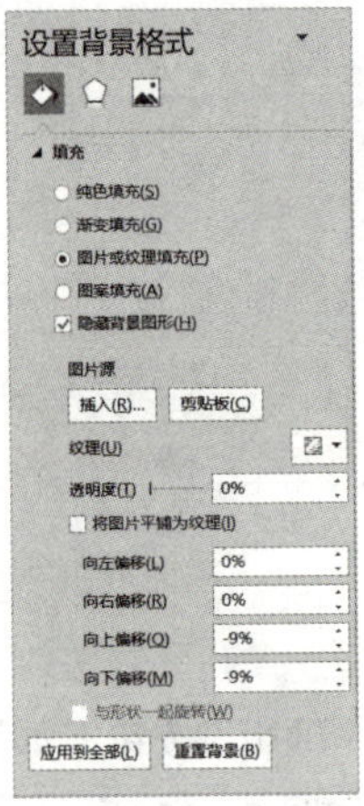

图 5-19 “设置背景格式”窗格

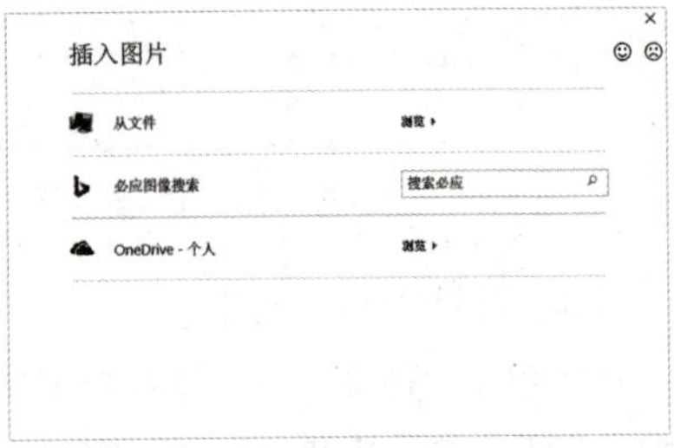

图 5-20 “插入图片”对话框

图 5-21 “标题幻灯片”版式效果

⑥ 单击“幻灯片母版”→“编辑母版”→“插入版式”按钮，选中新插入的版式并右击，在弹出的快捷菜单中选择“重命名版式”选项，弹出“重命名版式”对话框，将“版式名称”修改为“人工智能概述 1”，单击“重命名”按钮。

⑦ 单击“插入”→“图像”→“图片”按钮，在下拉列表中选择“此设备”选项，如图 5-22 所示，弹出“插入图片”对话框，选择“图片 2.jpg”，单击“插入”按钮。选中新插入的图片文件，单击“图片工具/格式”→“排列”→“对齐”按钮，在下拉列表中选择“左对齐”选项，如图 5-23 所示。

⑧ 选择标题占位符，在“绘图工具/格式”→“大小”组中将“宽度”调整为“24 厘米”，如图5-24所示。单击“排列”→“对齐”按钮，在下拉列表中选择“右对齐”选项，并调整合适大小。

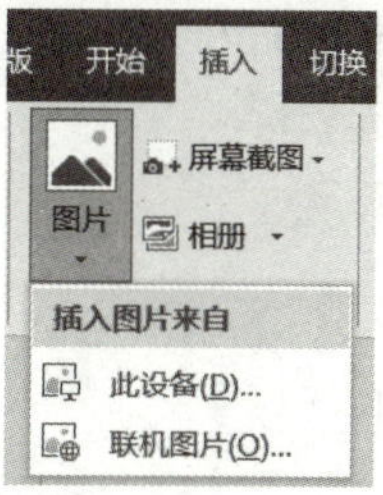

图 5-22 “图片”下拉列表

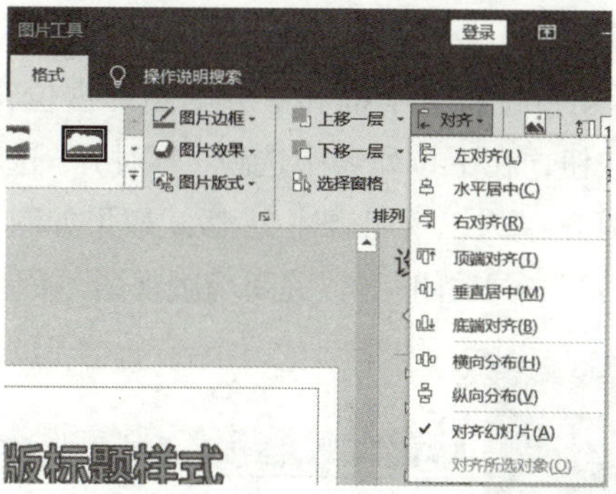

图 5-23 “对齐”下拉列表

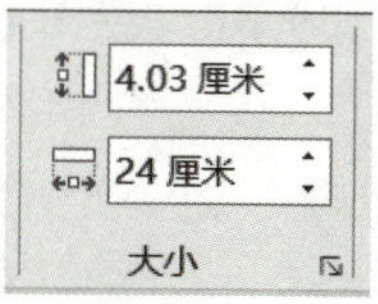

图 5-24 “大小”组

⑨单击“幻灯片母版”→“母版版式”→“插入占位符”按钮，在下拉列表中选择“内容”选项，如图 5-25 所示，在标题占位符下方绘制出一个矩形框。选择该内容占位符对象，在“绘图工具/格式”→“大小”组中将“高度”调整为“10 厘米”，“宽度”调整为“24 厘米”。

⑩ 同时选中标题占位符文本框和内容占位符文本框，单击“绘图工具/格式”→“排列”→“对齐”按钮，在下拉列表中选择“左对齐”选项，使内容占位符文本框与上方标题占位符文本框左对齐。“人工智能概述 1”版式效果如图 5-26 所示。

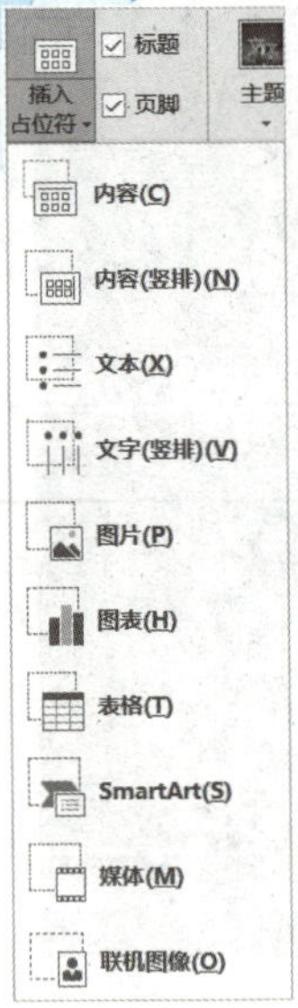

图 5-25 “插入占位符”

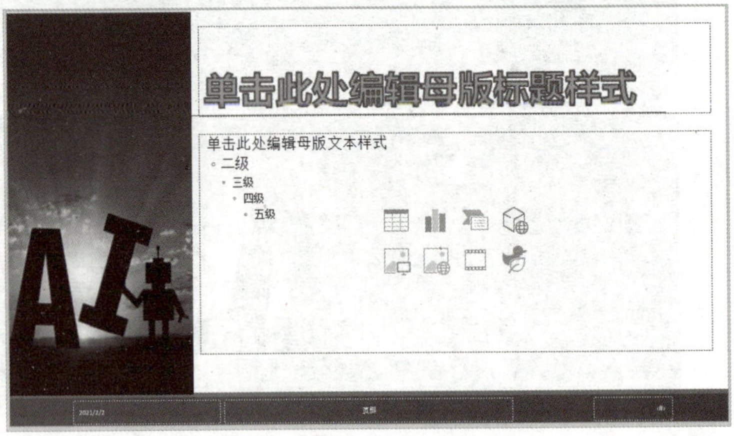

图 5-26 “人工智能概述 1”版式效果

⑪ 选中“人工智能概述 1”版式，右击，在弹出的快捷菜单中选择“复制版式”选项，在下方复制出一个“1_人工智能概述 1 版式”，右击该版式，在弹出的快捷菜单中选择“重命名版式”选项，弹出“重命名版式”对话框，将版式名称修改为“人工智能概述 2”，单击“重命名”按钮。

⑫ 选中内容占位符文本框，在“绘图工具/格式”→“大小”组中将“宽度”调整为“13.5 厘米”。

⑬ 单击“幻灯片母版”→“母版版式”→“插入占位符”按钮，在下拉列表中选择“图片”选项，在内容占位符文本框右侧绘制出一个矩形框。选中该图片占位符文本框，在“绘图工具/格式”→“大小”组中将“高度”调整为“10 厘米”，将“宽度”调整为“10 厘米”。

⑭ 同时选中左侧的内容占位符文本框和右侧的图片占位符文本框，单击“绘图工具/格式”→“排列”→“对齐”按钮，在下拉列表中选择“顶端对齐”选项，使内容占位符文本框与图片占位符文本框顶端对齐。

⑮ 同时选中上方的标题占位符文本框和下方的图片占位符文本框，单击“绘图工具/格式”→“排列”→“对齐”按钮，在下拉列表中选择“右对齐”选项，使图片占位符文本框与上方的标题占位符文本框右对齐。“人工智能概述 2”版式效果如图 5-27 所示。

⑯ 单击“绘图工具/格式”→“关闭”→“关闭母版视图”按钮。

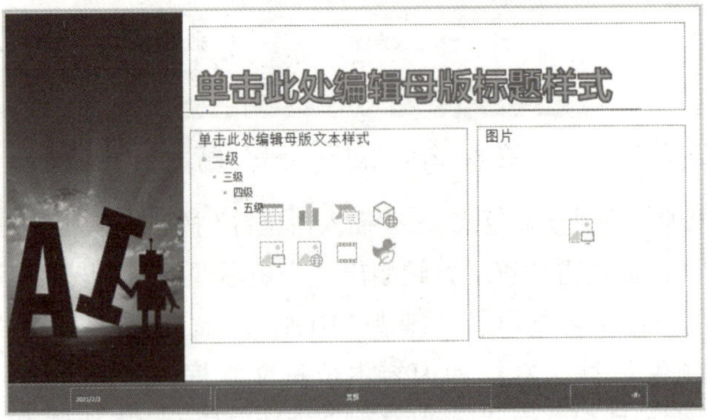

图 5-27 “人工智能概述 2”版式效果

（5）添加幻灯片。

① 在“人工智能概述.pptx”演示文稿中，单击“开始”→“幻灯片”→“新建幻灯片”按钮，如图 5-28 所示，创建新幻灯片，使本文档共含 10 张幻灯片。

② 选中第 1 张幻灯片，单击“开始”→“幻灯片”→“版式”按钮，在下拉列表中选择“标题幻灯片”。按照同样的方法，设置第 2、第 3、第 6、第 7、第 9、第 10 张幻灯片的版式为“人工智能概述 1”，第 4、第 5、第 8 张幻灯片的版式为“人工智能概述 2”。

③ 参考“完成效果.pptx”文件，将“文字素材.docx”文件中的文本信息复制到相应的演示文稿中。

（6）插入表格。选中第 2 张幻灯片内容文本框，单击“插入”→“表格”按钮，在下拉列表中选择 2 行 2 列，如图 5-29 所示，在文档中插入表格，输入文字，选择“表格工具|设计”→“表格样式”中的“主题样式 2，强调 1”选项，对表格进行调整，如图 5-30 所示。

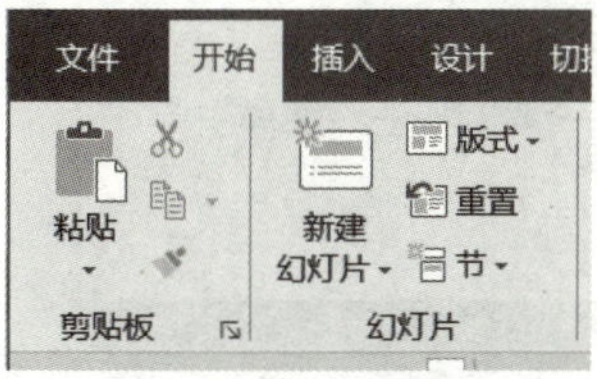

图 5-28 新建幻灯片

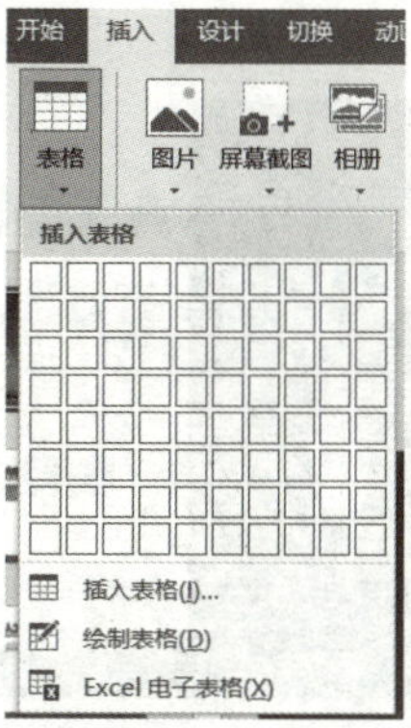

图 5-29 插入表格

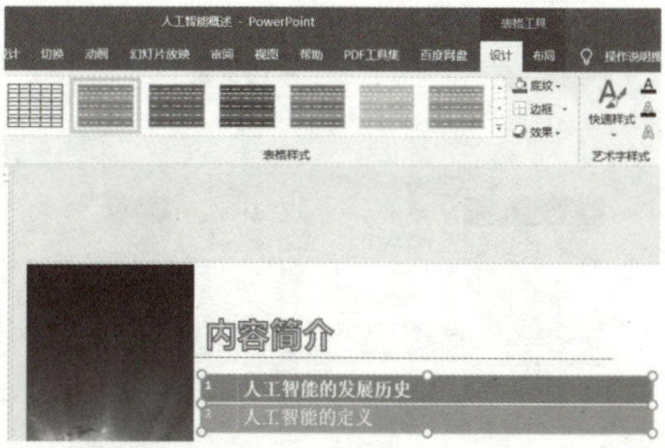

图 5-30 设置表格样式

（7）插入 SmartArt 图形。选中第 3 张幻灯片的内容文本框，单击“插入”→“插图”→“SmartArt”按钮，在弹出的“选择 SmartArt 图形”对话框中选择“流程”→“步骤上移流程”选项，单击“确定”按钮，输入相应文字后，对字体进行调整，如图 5-31 所示。

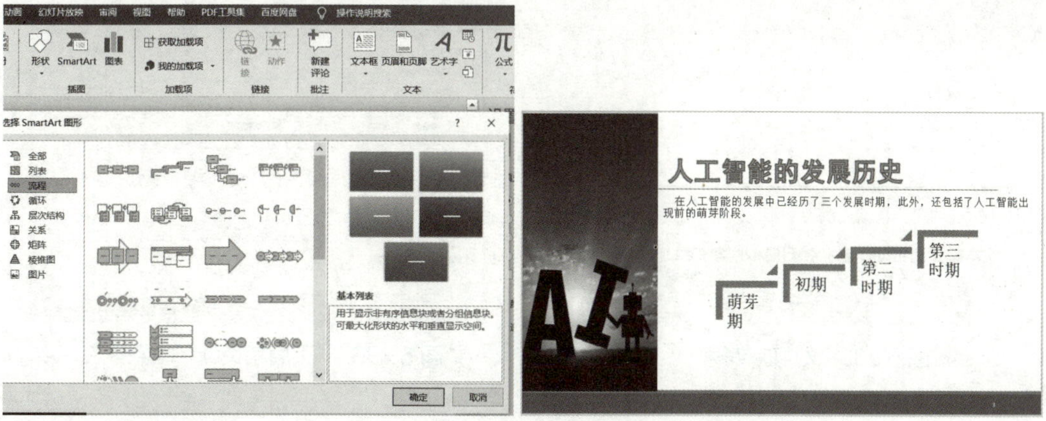

图 5-31 插入 SmartArt 图形

（8）插入图片。选中第 4 张幻灯片，在幻灯片右侧的图片占位符文本框中，单击“插入来自文件”按钮，弹出“插入图片”对话框，选择“图片 3.jpg”文件，单击“插入”按钮。第 5、第 8 张幻灯片的设置方法是一样的。效果如图 5-32 所示。

图 5-32　插入图片后的效果

（9）插入图形。选中第 10 张幻灯片的内容文本框，单击“插入”→“插图”组→“形状”按钮，在下拉列表中选择合适的形状，按照图 5-5 所示进行图形的绘制，并调整形状的填充和边框。全选所有形状，右击，在弹出的快捷菜单中选择“组合”选项，将所有形状组合成一个形状，如图 5-33 所示，插入图形后的效果如图 5-34 所示。

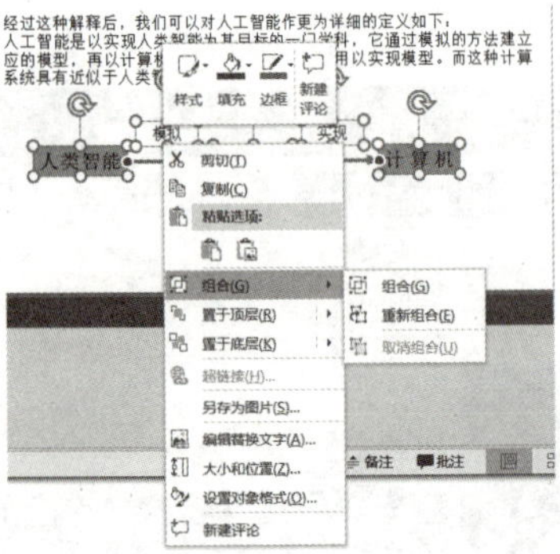

图 5-33　组合图形

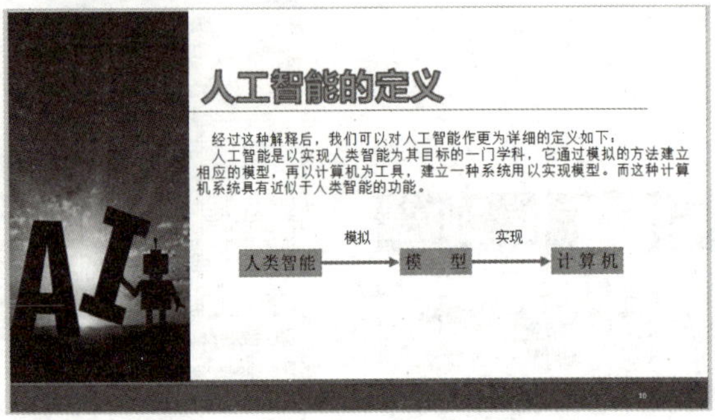

图 5-34　插入图形后的效果

（10）插入幻灯片编号。选中第 1 张幻灯片，单击“插入”→“文本”→“插入幻灯片编号”按钮，如图 5-35 所示，弹出“页眉和页脚”对话框，在对话框中勾选“幻灯片编号”和“标题幻灯片中不显示”两个复选框，单击“全部应用”按钮，如图 5-36 所示。

图 5-35　幻灯片编号

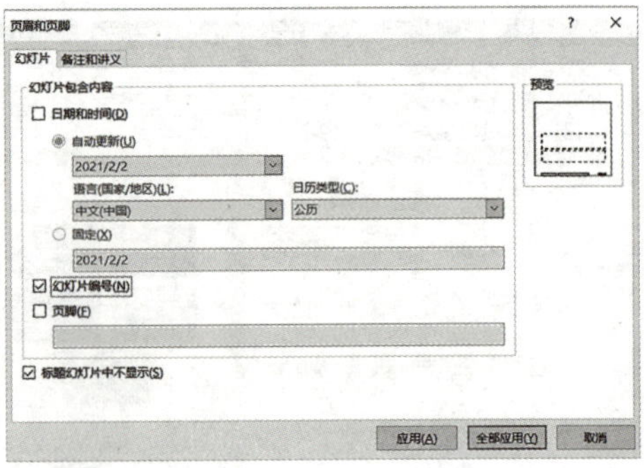

图 5-36　“页眉和页脚”对话框

（11）插入背景音乐。

① 选择第 1 张幻灯片，单击“插入”→“媒体”→“音频”按钮，在下拉列表中选择“PC 上的音频”选项，如图 5-37 所示，弹出“插入音频”对话框，选中“背景音乐.m4a”文件，单击“插入”按钮。

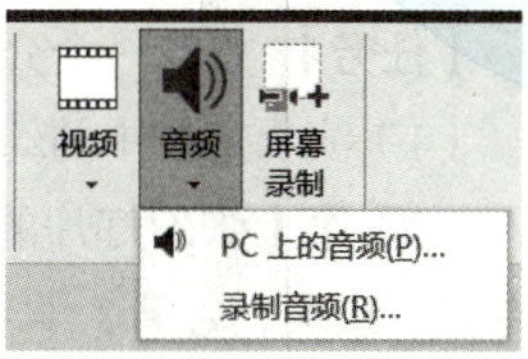

图 5-37　插入音频

② 在“音频工具/播放”→“音频选项”组中，将“开始”设置为“按照单击顺序”，选中“跨幻灯片播放”“循环播放，直到停止”“放映时隐藏”复选框，如图 5-38 所示。

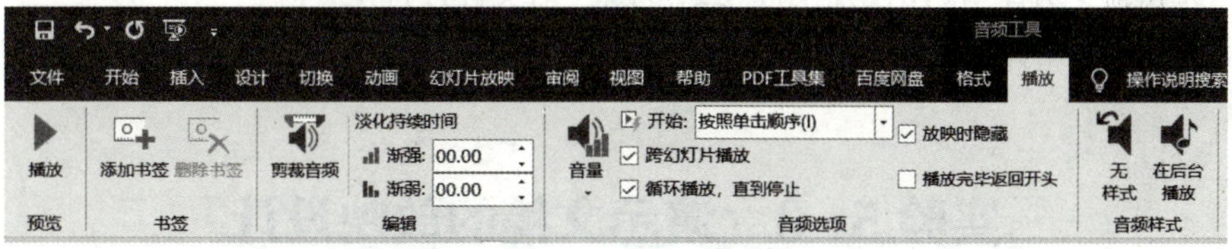

图 5-38　“音频工具/播放”功能区

③ 单击“动画”→“高级动画”→“动画窗格”按钮，在右侧的“动画窗格”中，选中“背景音乐”，单击右侧的下拉按钮，在下拉列表中选择“效果”选项，弹出“播放音频”对话框；在“停止播放”组中的“在：”中输入“10”，单击“确定”按钮，如图 5-39 所示。

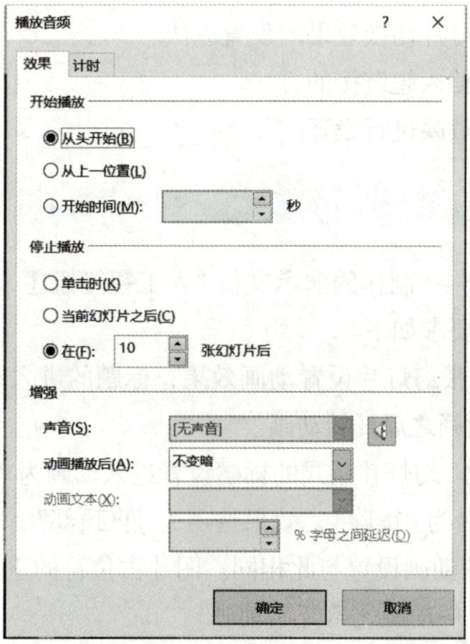

图 5-39　“播放音频”对话框

（12）删除版式。

① 单击“视图”→“母版视图”→“幻灯片母版”按钮，进入幻灯片母版视图。

② 选中除“标题幻灯片”“人工智能概述 1”和“人工智能概述 2”版式之外的所有幻灯片版式，右击鼠标键，选择“删除版式”选项，关闭母版视图。

（13）单击快速访问工具栏中的“保存”按钮，关闭所有文档。

三、实验任务

【任务】 设计一个介绍中国春节的演示文稿，并满足以下要求。

（1）演示文稿中的幻灯片不能少于 5 张。

（2）第 1 张幻灯片的版式是“标题幻灯片”，其中副标题的内容必须是本人的信息，包括“专业、班级、姓名、学号”。

（3）其他的幻灯片中要包含与中国春节相关的文字、图片或艺术字等。

（4）除“标题幻灯片”之外，每张幻灯片上都要显示页码。

（5）选择至少两种“应用设计模板”或“背景”对文件进行设置。

（6）幻灯片的整体布局合理、美观大方。

实验 5-3　演示文稿的放映设计

一、实验目的

（1）熟练掌握演示文稿中对象动画设置的方法。

（2）掌握演示文稿中幻灯片切换效果的设置方法。

（3）掌握在演示文稿中插入超链接的方法。

（4）学会对演示文稿的放映进行设置。

二、实验示例

例 5-4　基于实验例 5-3 制作的演示文稿“人工智能概述.pptx”，如图 5-5 所示，设置演示文稿的放映，具体设计要求如下。

（1）为该演示文稿第 1 张幻灯片设置动画效果，标题的进入动画效果为“浮入”，效果选项为“上浮”，设置在上一动画之后开始动画。

（2）为“人工智能概述 1”幻灯片版式的标题设置进入动画为“随机线条”，效果选项为“水平”，内容占位符的进入动画为“擦除”，效果选项为“自顶部”，设置在单击时开始动画。“人工智能概述 2”幻灯片版式的动画设置与此相同。图片占位符的进入动画设置为“飞入”，效果选项为“自右侧”。设置在上一动画之后开始动画。

（3）为该演示文稿的第 2 张幻灯片设置切换效果，切换方式为“擦除”；效果选项为“自左侧”；单击鼠标时换片或每隔 4 秒换片。其他幻灯片的切换效果设置为“旋转”。

（4）在第 2 张幻灯片中，设置单击表格第一行超链接到第 3 张幻灯片，单击表格第二行文字超链接到第 9 张幻灯片，在第 8 张幻灯片上添加一个返回按钮，连接到第 2 张幻灯片。

（5）设置演示文稿由观众自行浏览且自动循环播放，并保存该文档。

具体操作步骤如下。

（1）设置动画效果。

① 打开演示文稿“人工智能概述.pptx”，选定第 1 张幻灯片中的标题，单击“动画”→“动画”→“其他”按钮，在打开的下拉列表中选择“进入”中的“浮入”选项，如图 5-40 所示；单击“动画”→“效果选项”按钮，在打开的下拉列表中选择“上浮”选项，如图 5-41 所示。设置在单击时开始动画。

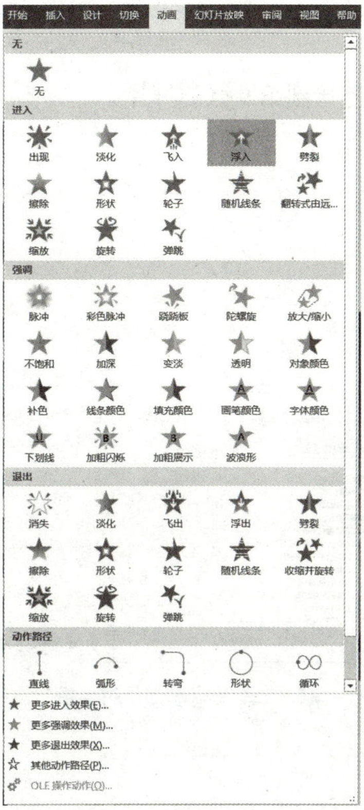

图 5-40 “动画”下拉列表

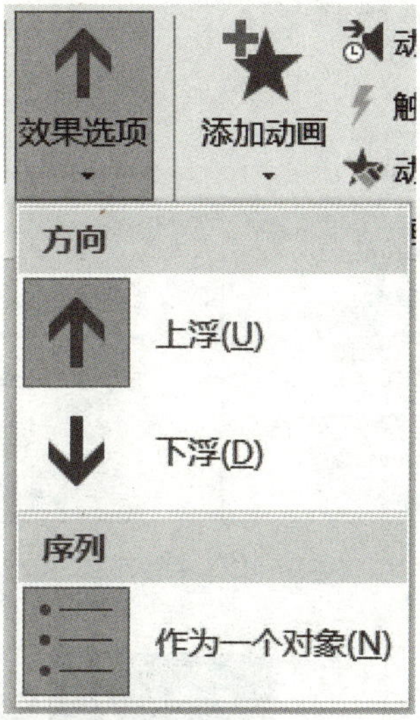

图 5-41 “效果选项”下拉列表

② 单击“视图”→“母版视图”→“幻灯片母版”按钮，进入幻灯片母版视图设计界面。选择“人工智能概述 1”版式中的标题占位符，单击“动画”→“动画”→“其他”按钮，在打开的下拉列表中选择“进入”中的“随机线条”，单击“动画”→“效果选项”按钮，在打开的下拉列表中选择“水平”。选择“计时”→“开始”→“单击时”选项。

③ 选择“人工智能概述 1”版式中的内容占位符，单击“动画”→“动画”→“其他”按钮，在打开的下拉列表中选择“进入”中的“擦除”选项，单击“动画”→“效果选项”按钮，在打开的下拉列表中选择“自顶部”选项。选择“计时”→“开始”→“单击时”选项。

④ 选择“人工智能概述 2”版式，按照步骤②③所示，设置标题占位符、内容占位符、图片占位符的动画。

⑤ 关闭幻灯片母版视图，选择第 10 张幻灯片，选中图形，选择“动画”→“动画”→“其他”按钮，在打开的下拉列表中选择“进入”中的“轮子”。选择“计时”→“开始”→“上一动画之后”。

（2）设置超链接。

① 单击第 2 张幻灯片，选中表格第 1 行第 2 列文字“人工智能的发展历史”，右击鼠标键，

弹出快捷菜单，选择“超链接”选项，或者单击“插入”→“链接”→“链接”按钮，如图5-42所示，弹出“插入超链接”对话框，选择左侧“本文档中的位置”，在“请选择文档中的位置”列表中选择“3.人工智能的发展历史”选项，如图5-43所示，单击“确定”按钮，可以看到幻灯片表格中的文字“人工智能的发展历史”变成了有底线的蓝色字体，如图5-44所示，鼠标移动到文字上时，会有超链接的提示。放映时，鼠标放在文字上，会变成一个手的形状，单击文字即可跳转到第3张幻灯片。

② 按照上述方法，设置表格第2行第2列文字超链接到第9张幻灯片。

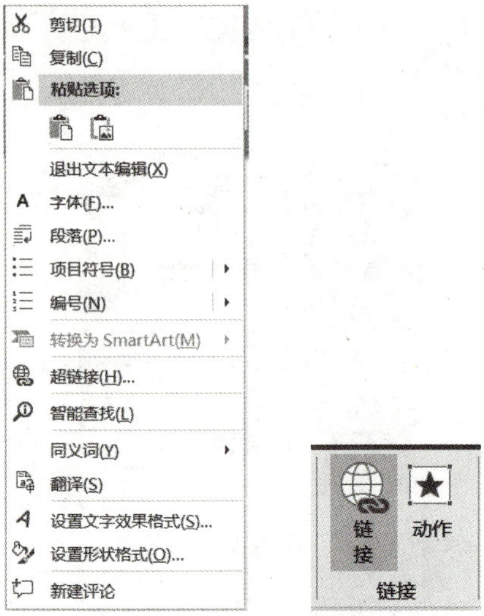

图5-42 插入超链接

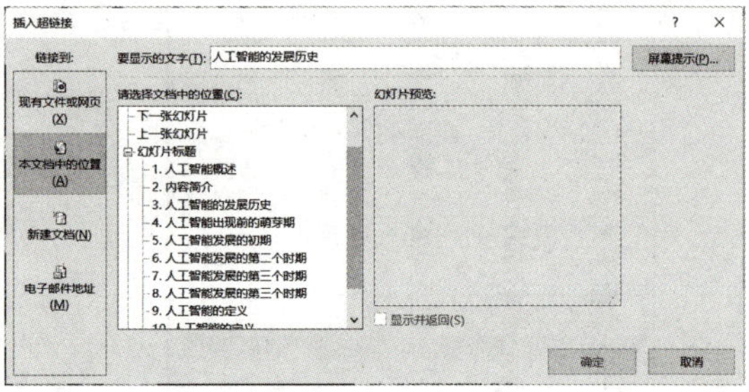

图5-43 “插入超链接”对话框

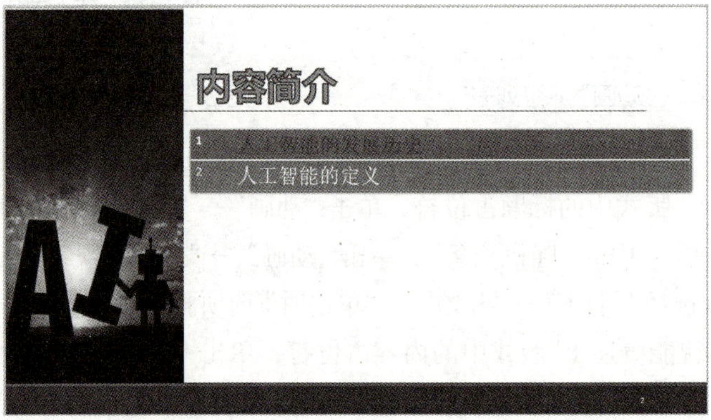

图5-44 插入超链接后的效果

③ 选择第8张幻灯片，单击“插入”→“插图”→“形状”→“箭头汇总”→“箭头：右”按钮，如图5-45所示。在第8张幻灯片右下角空白处用鼠标拖动画出一个右箭头，用同样方法，在“右箭头”上画一个文本框，输入文字“返回”。右击“文本框”，在弹出的快捷菜单中，选择“置于顶层”选项，如图5-46所示。同时选中“箭头”和“文本框”，右击弹出“快捷”菜单，选择“组合”选项，最终效果如图5-47所示。

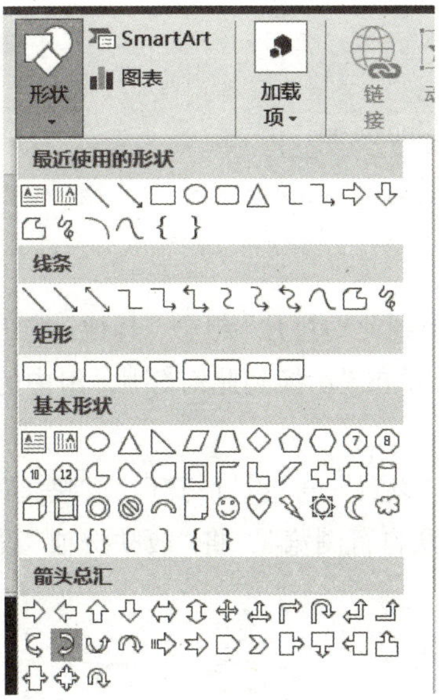

图 5-45　选择“右箭头”

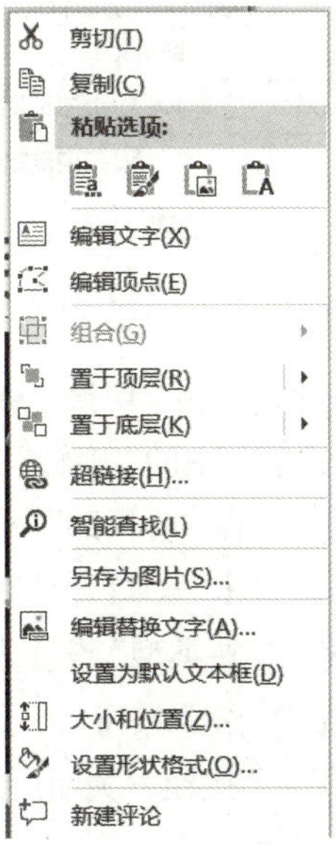

图 5-46　组合图形

图 5-47　插入“返回”按钮的效果

④ 右击“返回”文本框，在快捷菜单中选择“超链接”选项，打开“插入超链接”对话框，将其设置超链接到第 2 张幻灯片。

⑤ 设置“返回”按钮的动画效果为上一动画之后自底部飞入。

（3）设置幻灯片切换效果。

① 选定第 2 张幻灯片，单击“切换”→“切换到此幻灯片”→“其他”按钮，在打开的下拉列表中选择“细微”中的“擦除”选项；单击“切换到此幻灯片”→“效果选项”按钮，在打开的下拉列表中选择“自左侧”选项，如图 5-48 所示。

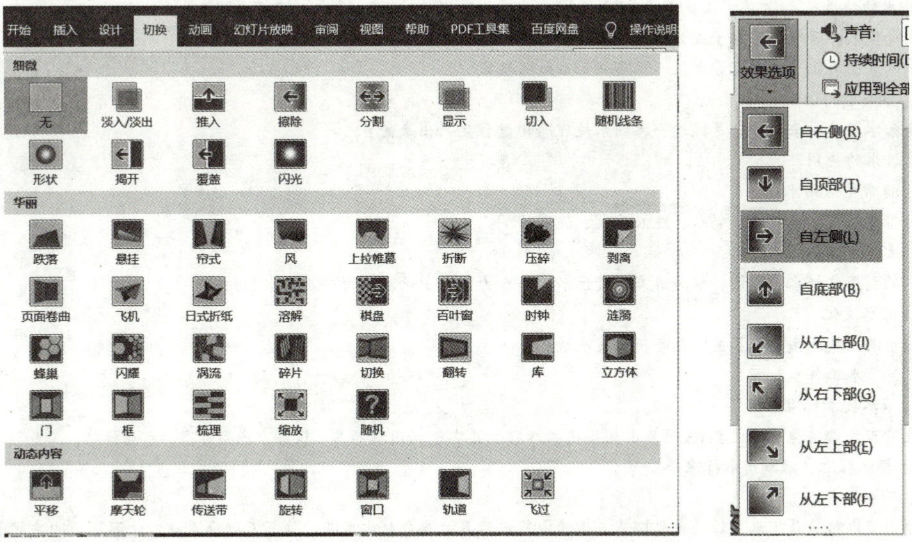

图 5-48　设置切换

② 分别选择“计时”→“单击鼠标时”复选框和“设置自动换片时间”复选框，并将其设置为 4 秒，如图 5-49 所示。

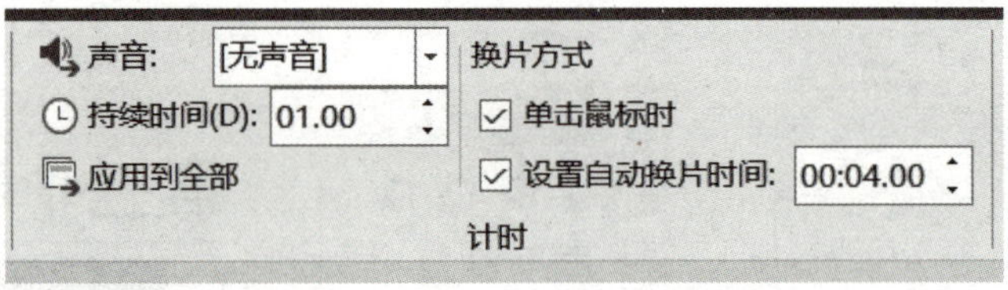

图 5-49　设置换片方式

③ 选定第 1 张、第 3~10 张幻灯片，单击“切换”→“切换到此幻灯片”组→“其他”按钮，在打开的下拉列表中选择“动态内容”中的“旋转”选项；单击“切换到此幻灯片”组中的“效果选项”按钮，在打开的下拉列表中选择“自顶部”选项。

（4）设置放映方式，并保存文档。单击“幻灯片放映”→“设置”→“设置幻灯片放映”按钮，打开“设置放映方式”对话框，将“放映类型”设置为“观众自行浏览”，将“放映选项”设置为“循环放映，按ESC键终止”，单击“确定”按钮。

（5）单击快速访问工具栏中的“保存”按钮，关闭所有文档。

三、实验任务

【任务】 为北京节水展馆制作一份宣传水知识及节水工作重要性的演示文稿，素材如图 5-50 所示。

一、水的知识

1. 水资源概述

目前世界水资源达到 13.8 亿立方千米，但人类生活所需的淡水资源却只占 2.53%，约为 0.35 亿立方千米。我国水资源总量位居世界第六，但人均水资源占有量仅为 2 200 立方米，为世界人均水资源占有量的 1/4。

北京属于重度缺水地区。全市人均水资源占有量不足 300 立方米，仅为全国人均水资源量的 1/8，世界人均水资源量的 1/30。

北京水资源主要靠天然降水和永定河、潮白河上游来水。

2. 水的特性

水是氢氧化合物，其分子式为 H_2O。

水的表面有张力、水有导电性、水可以形成虹吸现象。

3. 自来水的由来

自来水不是自来的，它是经过一系列水处理净化过程生产出来的。

二、水的应用

1. 日常生活用水

日常生活用水包括做饭喝水、洗衣洗菜、洗浴冲厕。

2. 水的利用

水的利用包括水冷空调、水与减震、音乐水雾、水力发电、雨水利用、再生水利用。

3. 海水淡化

海水淡化技术主要有蒸馏、电渗析、反渗透。

三、节水工作

1. 节水技术标准

北京市目前实施了五大类 68 项节水相关技术标准。其中包括用水器具、设备、产品标准，水质标准，工业用水标准，建筑给水排水标准、灌溉用水标准等。

2. 节水器具

使用节水器具是节水工作的重要环节，生活中节水器具主要包括水龙头、便器及配套系统、沐浴器、冲洗阀等。

3. 北京五种节水模式

北京五种节水模式分为管理型节水模式、工程型节水模式、科技型节水模式、公众参与型节水模式、循环利用型节水模式。

图 5-50　水的素材

制作要求如下。

（1）标题页包含演示主题、制作单位（北京节水展馆）和日期（××××年×月×日）。

（2）演示文稿要指定一个主题，幻灯片不少于 5 页，且版式不少于 3 种。

（3）演示文稿中除文字外要有 2 张以上的图片，并有 2 个以上的超链接进行幻灯片之间的跳转。

（4）动画效果要丰富，幻灯片切换效果要多样。

（5）演示文稿播放的全程需要有背景音乐。

（6）将制作完成的演示文稿以“水资源利用与节水.pptx”为文件名进行保存。

第 6 章

信息检索

本章通过学习如何运用信息检索来提高学生信息搜集的能力，让学生养成良好的自主学习的习惯，将网络信息技术作为辅助学习的工具，从而激励学生不断进步与成长，培养学生成为具有信息素养的社会主义接班人。

实验 6-1　使用百度精确搜索就业信息

随着互联网的普及，使用百度进行搜索已经是每个人日常生活和工作的一部分。但是如果只是简单地在搜索栏中输入关键词，然后“百度一下”，这样能够查找到的内容太多、太模糊，不够精确。

一、实验目的

使用百度根据日期、关键词或指定的网站等进行精确搜索。

二、实验示例

例 6-1　以 python 编程岗位的招聘信息为例，讲解使用百度进行精确搜索的方法。

具体操作步骤如下。

（1）打开百度首页（www.baidu.com）。

（2）在右上方单击“设置”按钮，在下拉菜单中单击“高级搜索”按钮，如图 6-1 所示。

图 6-1　单击“高级搜索”

（3）单击“高级搜索”按钮后，将显示如图 6-2 所示的设置框。

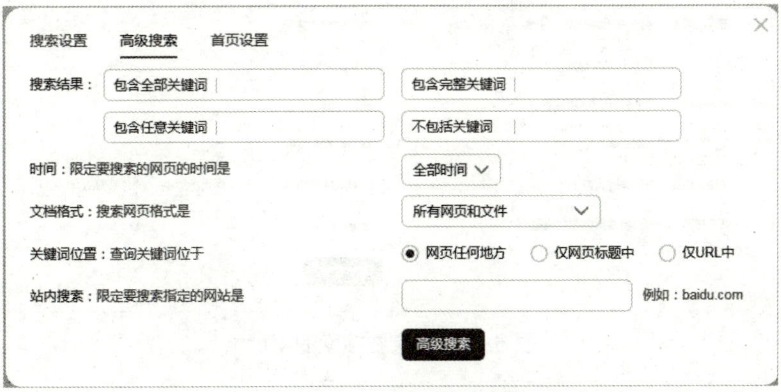

图 6-2　高级搜索参数

（4）本例中要将地域限定在北京，因此在“包含全部关键词”文本框中输入“北京 python 招聘”（每个关键词之间用空格进行区分），此时单击“高级搜索”按钮，显示内容将与直接在百度首页搜索的结果一样，较为模糊，如图 6-3 所示。其中大部分结果为招聘网站的广告以及其他无关的信息。

图 6-3　模糊搜索结果

（5）以 BOSS 直聘网为例，为了精确获取职位信息，在高级搜索界面“站内搜索”文本框输入其域名。要注意的是，只输入域名即可，不要带有“http://”，也可以不输入“www.”，如图 6-4 所示。

图 6-4　指定要搜索的网址

（6）单击“高级搜索”按钮后，将只显示 BOSS 直聘网站内的结果，如图 6-5 所示。

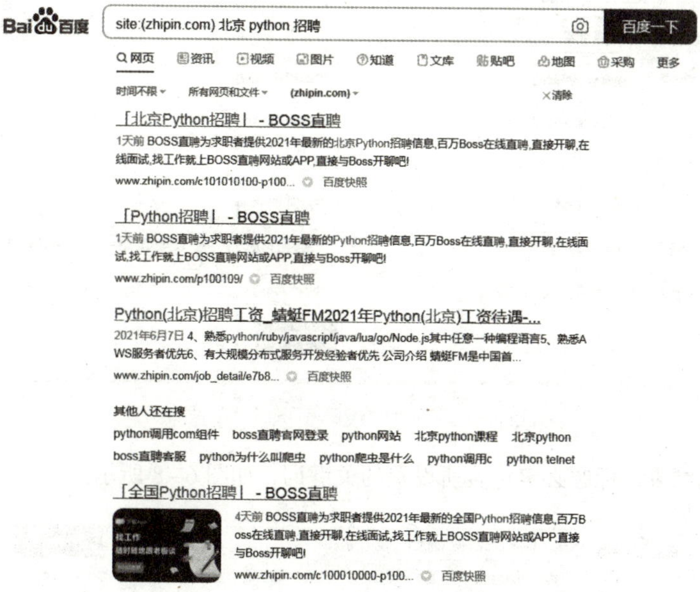

图 6-5 搜索结果

（7）如果希望包含多个任意关键词，可以在“包含任意关键词”文本框中设置，例如，希望在其他关键词不变的前提下，同时查找包含python和java的结果，则在“包含全部关键词”中只输入“北京 招聘”，然后在“包含任意关键词”文本框中输入“python java”即可。此外，由于前面已经指定了在BOSS直聘网站搜索，所以可以删除“招聘”关键词，如图6-6所示。

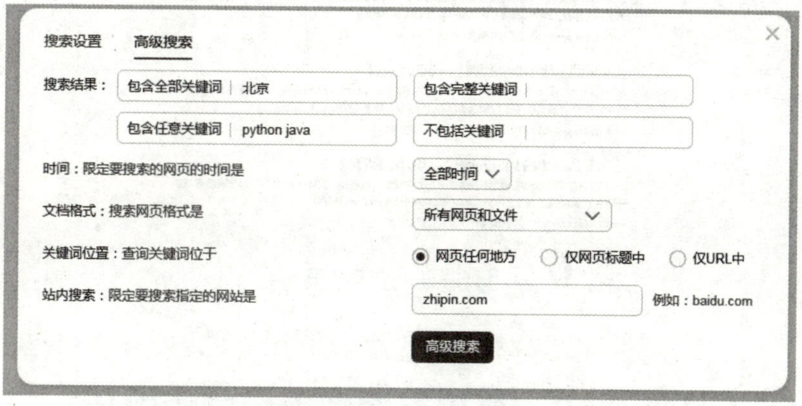

图 6-6 设置“任意关键词”

（8）单击“高级搜索”按钮，此时将显示包含python或java的结果。

搜索结果通常会以较新的结果展示在前面，但结合所设置的关键词，也会有一部分较为陈旧的结果出现，此时可以通过指定时间来搜索某个时间范围内的结果。例如，可以在“时间”下拉列表中选择“最近一月”，这样搜索到的结果时效性更强。

通常来说，一些较为重要的关键词，如就业地点、岗位名称等，会在网页标题中明确写出，因此可以指定关键词所在的位置，只查找网页标题包含关键词的结果，如图6-7所示。

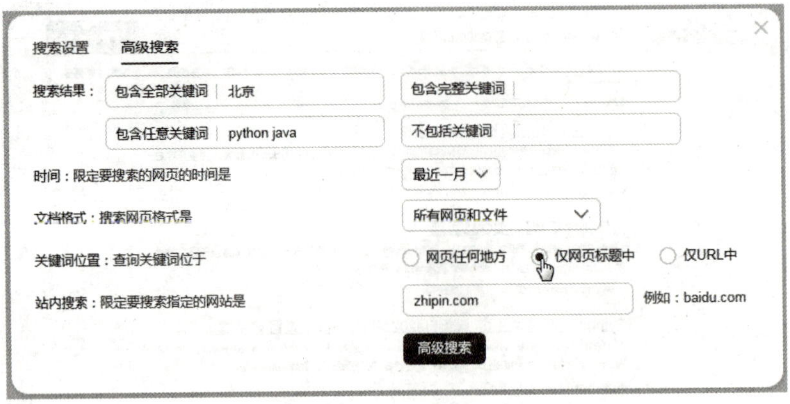

图 6-7　选中“仅网页标题中”选项

此时的搜索结果，标题必定包含所设置的关键词，如图 6-8 所示。

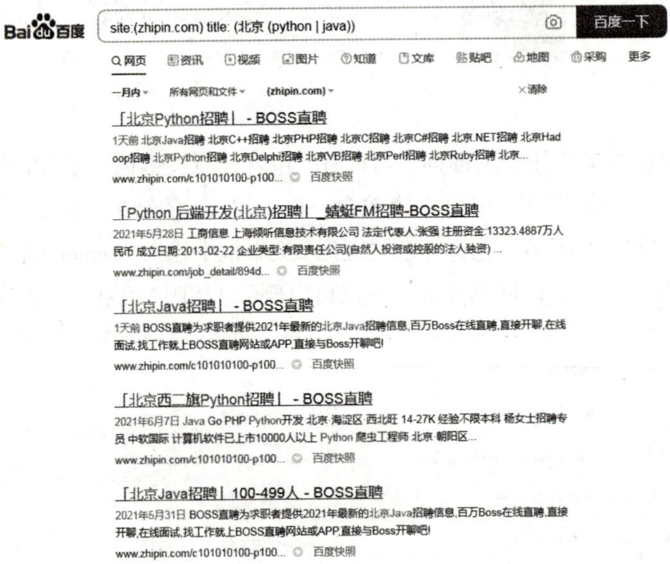

图 6-8　搜索结果

实验 6-2　使用百度搜索指定的图片

一、实验目的

使用百度图片网站实现“以图搜图”。

二、实验示例

例 6-2　以图 6-9 所示的图片为例，讲解搜索指定图片的方法。

具体操作步骤如下。

图 6-9　素材图片

（1）打开百度图片官方网站，如图 6-10 所示。

图 6-10　百度图片官方网站

（2）单击搜索框右侧的 按钮，此时将显示图片上传控件，如图 6-11 所示。

图 6-11　激活图片控件

（3）如果要搜索网页上的图片，可以在图片上右击，在弹出的菜单中选择“复制图片地址”选项，然后将该地址粘贴在搜索框中。本例是使用本地图片进行搜索，因此可以单击“选择文件”按钮，在弹出的对话框中选择并打开要搜索的图片，或直接将图片拖动到图片上传控件上，如图 6-12 所示。

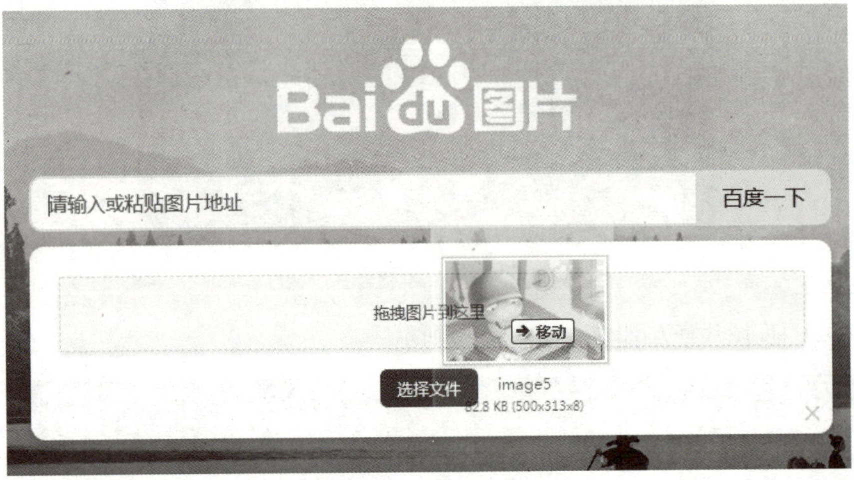

图 6-12　拖入图片

（4）图片上传完毕后就会显示搜索结果，如图 6-13 所示。其中左上方是上传的原图片，下面是搜索得到的结果。

图 6-13　图片搜索结果

（5）单击其中一个结果，即可访问图片的来源网页。需要注意的是，百度识图搜索图片时，是将用户上传的图片与缓存在百度服务器上的图片数据进行对比，然后返回搜索结果。而服务器上的数据有可能是较早生成的，而对应的网页甚至整个网站都可能已经不存在，因此可能出现搜索结果无法访问，或打开的网页中没有想搜索的图片等问题。

实验 6-3 使用百度学术搜索免费文献

一、实验目的

使用百度学术实现跨网站的聚合文献搜索。

二、实验示例

例 6-3 以搜索创新创业教育方面的文献为例，讲解在百度学术中搜索免费文献的方法。具体操作步骤如下。

（1）打开百度学术官方网站，如图 6-14 所示。

图 6-14 百度学术官方网站

（2）在搜索框中输入“创新创业教育”并按“Enter”键进行搜索，将显示如图 6-15 所示的结果。

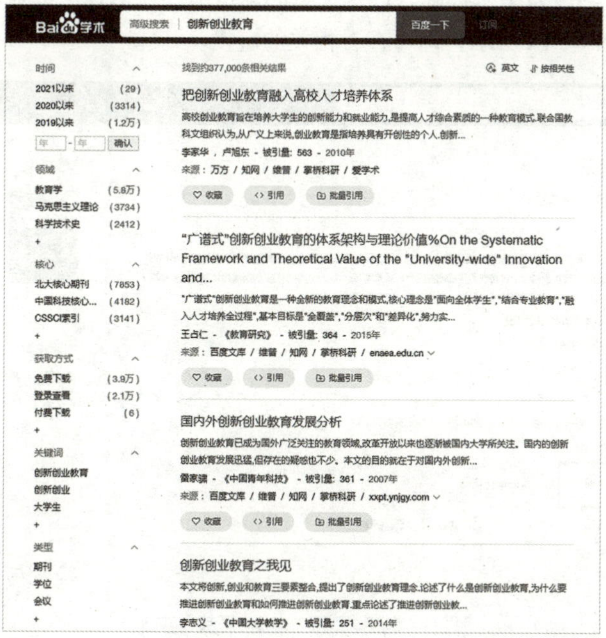

图 6-15 搜索结果

（3）可以在左侧通过设置来筛选想要的结果。例如，在本例中希望获取免费的文献，可以在左侧单击“获取方式”栏中的“免费下载”，如图 6–16 所示。

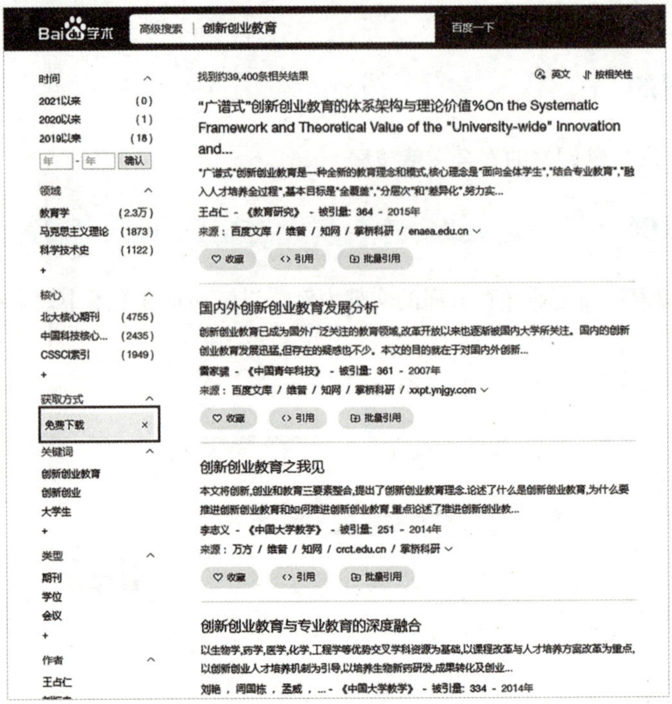

图 6–16　筛选“免费下载”

（4）若要对结果进行更多筛选，可以在左侧进行设置。例如要筛选 2021 年发表的文献，则在“时间”栏下直接单击“2021 以来”按钮即可。也可以手动输入起始和结束时间（允许只输入其中一个），进行更精确的筛选。

（5）单击想查看的搜索结果标题，进入文献的详情页，默认在下面显示全部文献来源。单击“免费下载”，如图 6–17 所示，即可查看相关的链接。

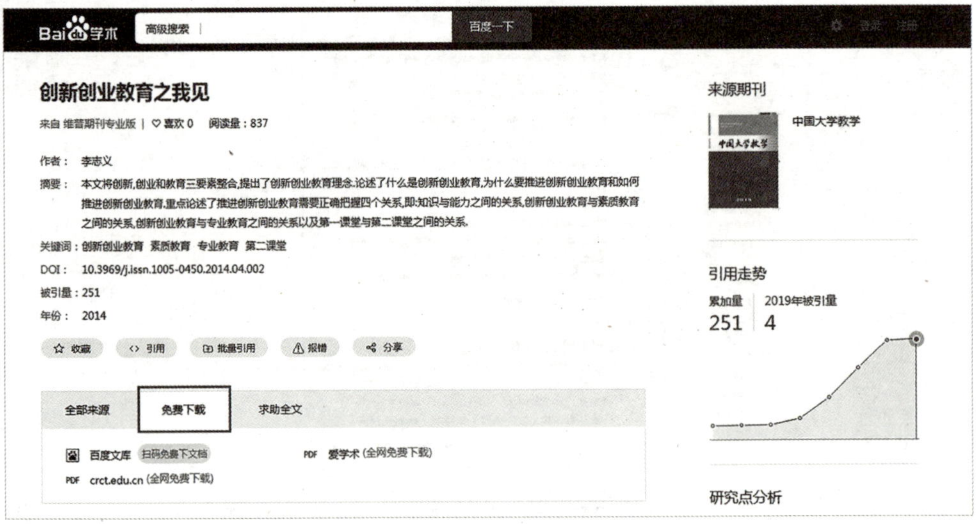

图 6–17　显示“免费下载”来源

（6）单击免费下载链接，即可跳转至相应的网站，进行查看或下载。需要注意的是，所谓的“免费下载”链接虽然不需要付费，但是可能会有会员资格、积分额度等方面的要求，因此，很少能实现真正的无须付费且无障碍的免费下载。但这些文献大部分或全部的内容可以免费阅读。

实验 6-4　在知网上检索计算机专业的科技文献

一、实验目的

在知网进行精确搜索。

二、实验示例

例 6-4　以计算机专业为例，讲解在知网中精确搜索文献的方法。

具体操作步骤如下。

（1）打开中国知网高级检索页面，如图 6-18 所示。

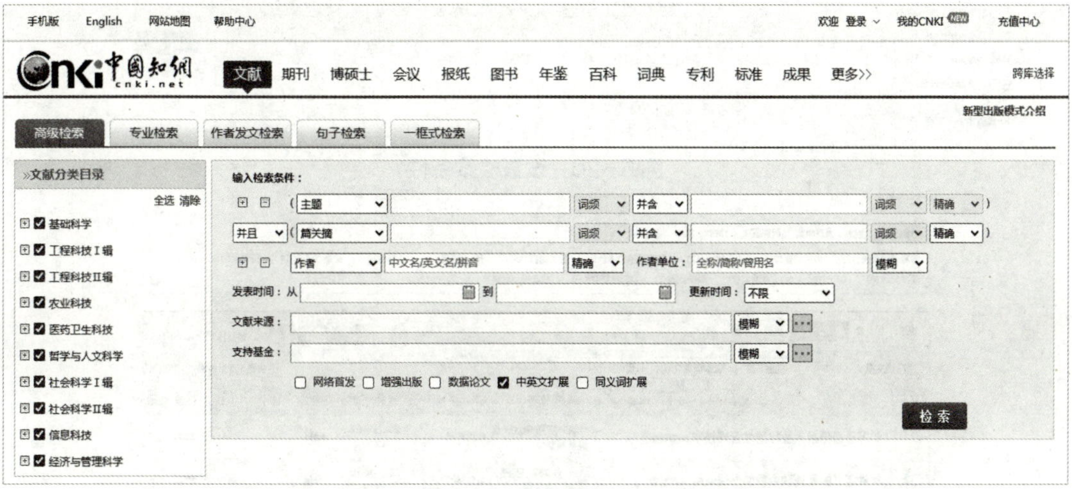

图 6-18　知网高级检索页面

（2）在左侧的“文献分类目录”中，单击“清除”按钮，然后选中“信息科技”选项，如图 6-19 所示。

（3）在“输入检索条件”中，输入主题为“6G”，并在后面选择“并含”，然后在其后的文本框中输入“移动”。

（4）单击发表时间“文本框”按钮，弹出日期选择控件，在其中选择日期为 2020 年 1 月，如图 6-20 所示。

（5）设置条件完毕后，单击“检索”按钮，即可返回搜索结果，如图 6-21 所示。

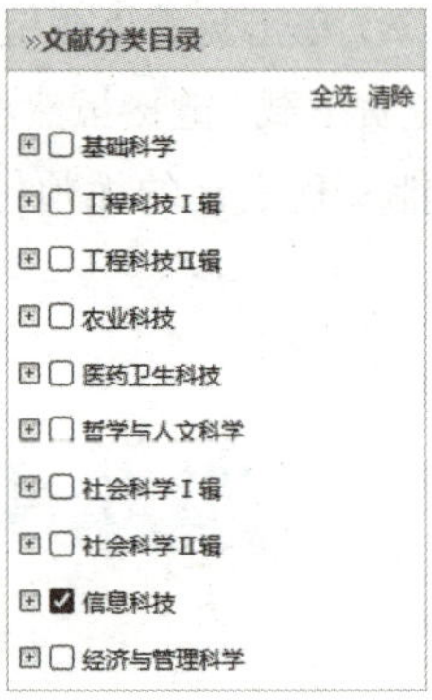

图 6-19 选择文献分类目录

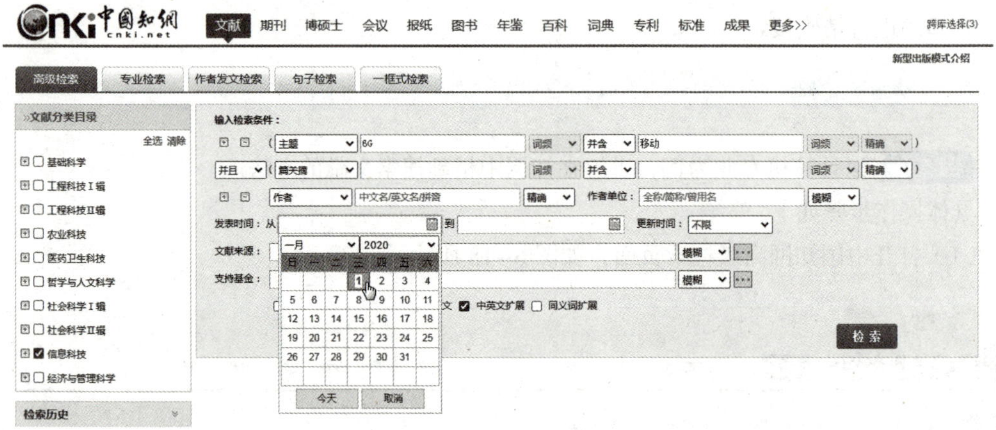

图 6-20 设置检索条件

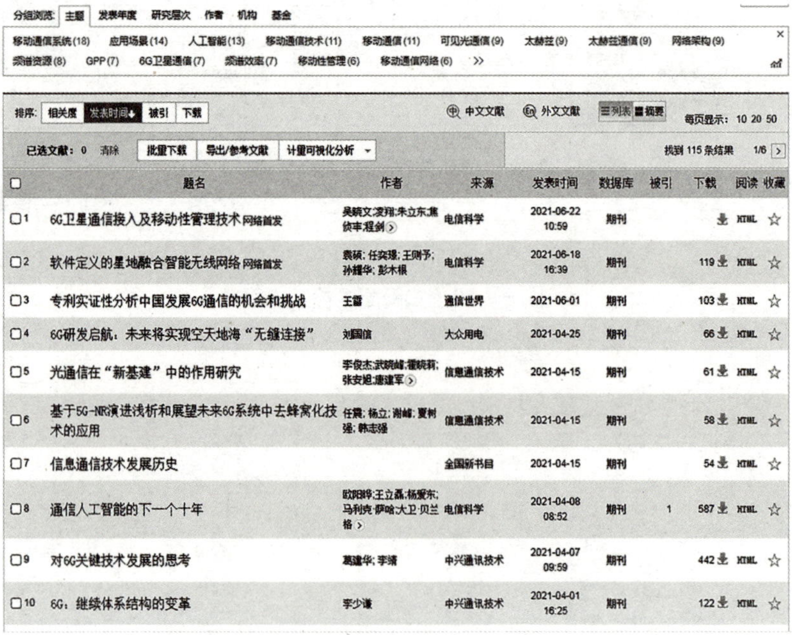

图 6-21 搜索结果

（6）默认情况下，搜索结果是按发表时间排序，可以单击“相关度”按钮，以查看更匹配所设置条件的结果，如图 6–22 所示。

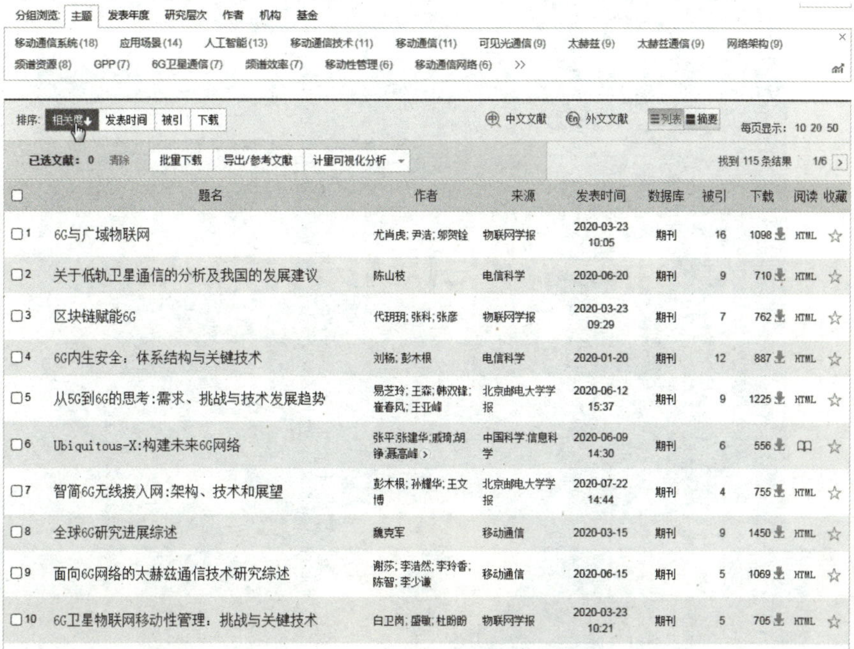

图 6–22 按相关度显示的结果

（7）在搜索结果上方，可以单击文献分组标签，以进行筛选。

第7章

新一代信息技术概述

本章讲解使用AI为黑白照片上色、用AI识别物品，以及用AI抠图等实践知识，让学生具备对未来随处所见、随处所用的人工智能的鉴赏力、理解力和应用力，同时进一步推进人工智能教育的普及与发展，为国家培养具有创新精神和创新能力的人才。

实验 7-1 用 AI 为黑白照片着色

一、实验目的

掌握使用百度大脑 AI 开放平台和 Image Colorizer 为黑白照片上色的方法。

二、实验示例

例 7-1 使用百度大脑 AI 开放平台为黑白照片着色。

百度 AI 开放平台提供全球领先的语音、图像、NLP 等多项人工智能技术，开放对话式人工智能系统、智能驾驶系统两大行业生态，共享 AI 领域最新的应用场景和解决方案。在图片相关的服务中，用户可以通过上传图片，在线制作数据集，完成图片分类、目标识别、图片分割、图片中文字识别、语音识别等。同时，提供了很多视频教程。

具体操作步骤如下。

（1）打开百度 AI 开放平台（https://ai.baidu.com/）首页，如图 7-1 所示。

图 7-1 百度 AI 开放平台首页

（2）在上方导航栏中单击“开放能力”→“图像技术”→“黑白图像上色”按钮，如图 7-2 所示。

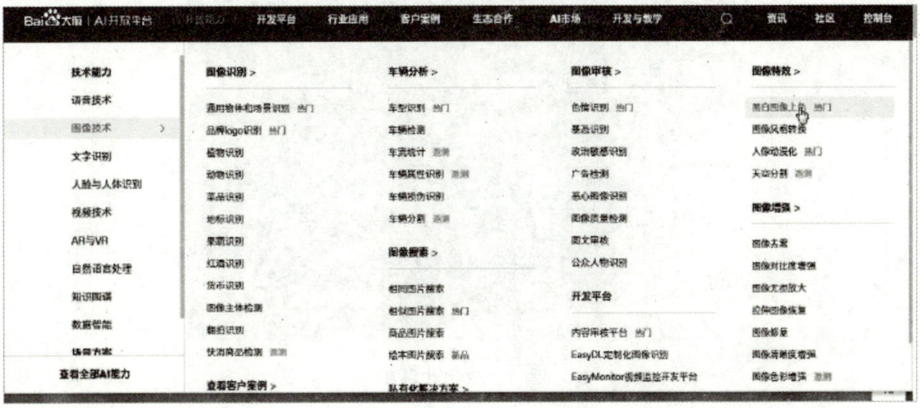

图 7-2 单击“开放能力”

（3）向下滚动后，单击“本地上传”按钮，然后打开要处理的照片，根据图片大小，等待几秒至十几秒即可返回结果，如图 7-3 所示。

图 7-3　着色结果对比

（4）如果要保存结果，可以直接在图片上右击，在弹出的菜单中选择“图片另存为”选项，然后保存至本地即可。注意，此时保存的只是预览效果，因此图片尺寸会被压缩至最大不超过 800 px。处理前后效果如图 7-4、图 7-5 所示。

图 7-4　处理前

图 7-5 处理后

实验 7-2 用 AI 识别物品

一、实验目的

掌握使用百度大脑 AI 开放平台识别物品的方法。

二、实验示例

例 7-2 以图 7-6 所示的图片为例，讲解其使用方法。

百度 AI 开放平台提供的通用物体和场景识别应用，可以识别动物、植物、商品、建筑、风景、动漫、食材、公众人物等 10 万个常见物体及场景，并给出大类及细分类的名称结果。

图 7-6 素材图片

（1）打开百度AI开放平台（https://ai.baidu.com/）首页，在上方导航栏中单击“开放能力”→“图像识别”→“通用物体和场景识别”按钮，如图 7-7 所示。

图 7-7　选择“通用物体和场景识别”

（2）向下滚动后，单击“本地上传”按钮，然后打开要处理的照片，根据图片大小，等待几秒至十几秒即可返回结果，如图 7-8 所示。

图 7-8　识别结果

由于本例中的金鸡菊和大花金鸡菊有较高的相似度，因此，识别结果给出了这两个品种。

实验 7-3 用 AI 抠图

一、实验目的

掌握使用 removebg 和皮卡智能快速抠图的方法。

二、实验示例

例 7-3 使用 removebg 抠图。

removebg 号称百分百 AI 自动抠图，连一键点击都不需要，只需上传图片或粘贴网址，就能快速完成抠图。下面以图 7-9 所示的照片为例讲解其使用方法。

图 7-9 素材图片

（1）打开 removebg 网站（https://www.remove.bg/），如图 7-10 所示。

图 7-10 removebg 网站

（2）将要抠图的图片拖至上传区域，或单击“上传图片”按钮，在弹出的对话框中打开要抠图的图片，即可开始上传，如图 7-11 所示。

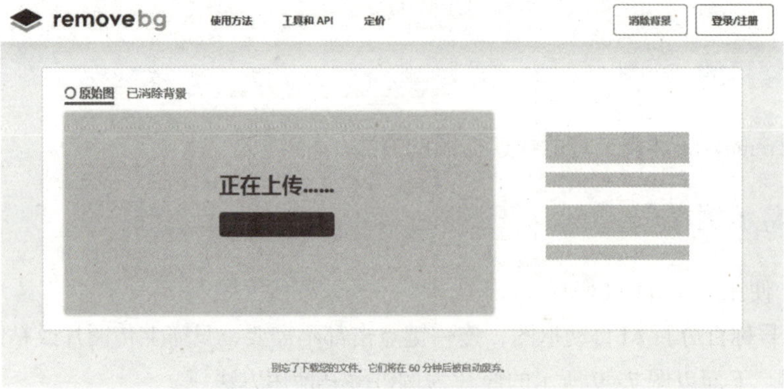

图 7-11　上传图片

（3）上传完毕后，会自动识别照片中的主体，并消除背景，如图 7-12 所示。

图 7-12　消除背景后的结果

（4）单击“下载”按钮，可以下载预览图。单击“下载高清版”按钮，可以下载原图，但需要登录并支付积分。

（5）单击预览结果右上角的“编辑”按钮，可以在弹出的页面中对背景进行虚化或换背景处理，如图 7-13 所示。如图 7-14 所示是选择其他背景后的效果。

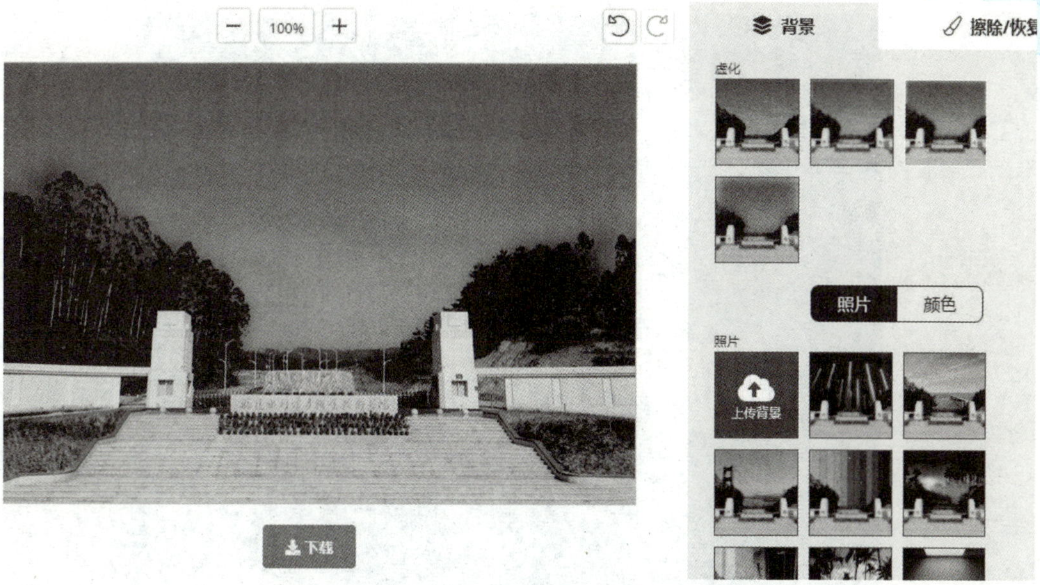

图 7-13 模糊背景后的效果

图 7-14 应用新背景并下载图片

第 8 章

信息素养与社会责任

党的二十大报告明确提出坚定不移贯彻总体国家安全观，坚持以人民安全为宗旨，建设更高水平的平安中国。随着社会的不断发展和网络的迅速普及，网络安全也越来越被人们所重视，本章学习使用腾讯课堂实现线上学习、使用 360 安全卫士防护计算机，以及使用 360 杀毒软件查杀病毒等实践知识，让学生能够重视和了解网络安全的重要性及必要性。

实验 8-1　使用腾讯课堂实现线上学习

一、实验目的

掌握通过腾讯课堂上网课的方法。

二、实验示例

例 8-1　以腾讯课堂 Windows 客户端为例，讲解其使用方法。

腾讯课堂是腾讯推出的在线教育平台，方便师生通过该平台实现网上授课、听课。腾讯课堂有两个版本，一个是教师版（只有电脑客户端），叫腾讯课堂极速版；另一个是学生版，即腾讯课堂，支持电脑和移动设备。

（1）正确下载并安装腾讯课堂后，启动并选择登录方式，如图 8-1 所示。

图 8-1　腾讯课堂的启动界面

（2）登录后即显示最近进入的课堂，如图 8-2 所示。

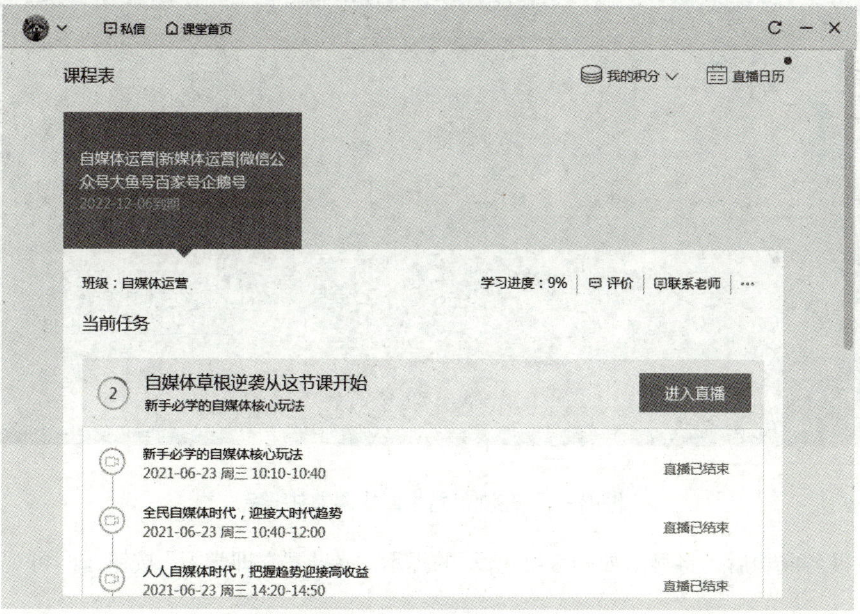

图 8-2　腾讯课堂主界面

（3）要加入课堂，可以单击左上方头像旁边的三角按钮，在弹出的菜单中选择“更多”→“上课 ID 进入课堂”选项，如图 8-3 所示，输入由教师发布的 ID 并确定即可。

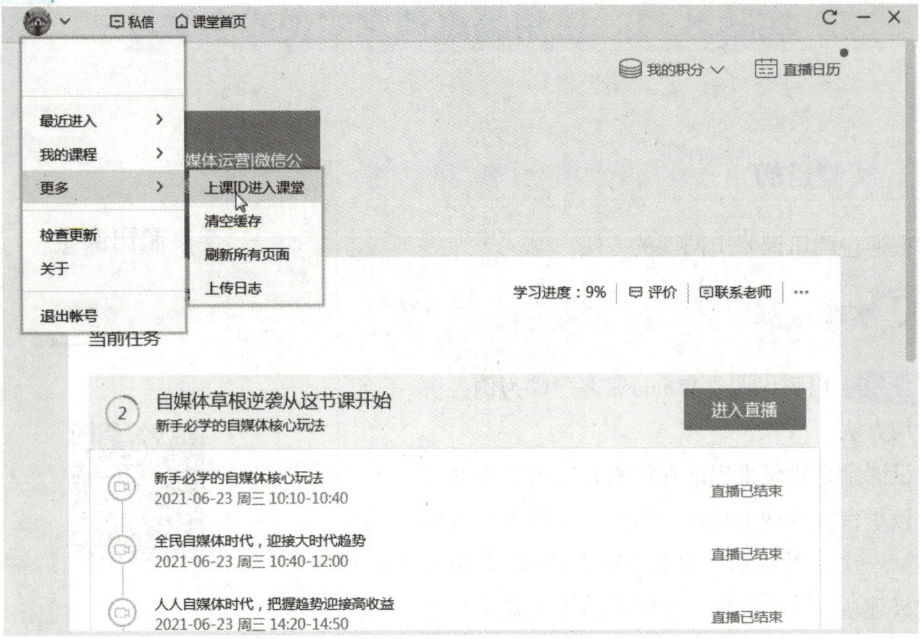

图 8-3　根据ID进入课堂

（4）也可以单击“课堂首页”按钮，在浏览器中打开腾讯课堂网站，在其中寻找感兴趣的课堂，并单击右下方的“+免费报名”按钮，如图 8-4 所示。

图 8-4　在浏览器中查找课堂并报名

（5）报名成功后，将显示如图 8-5 所示的提示。单击“立即学习”按钮，即可观看视频或直播。

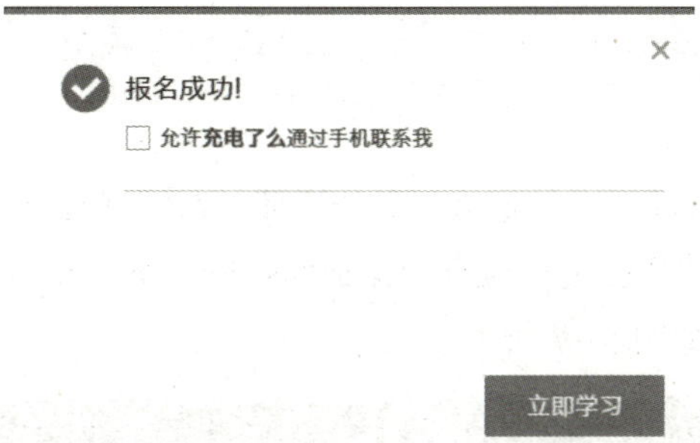

图 8-5　报名成功

（6）若要在客户端中观看，可以在空白处右击，然后选择“重新加载（刷新）”选项，如图 8-6 所示，即可显示刚刚报名的课程。

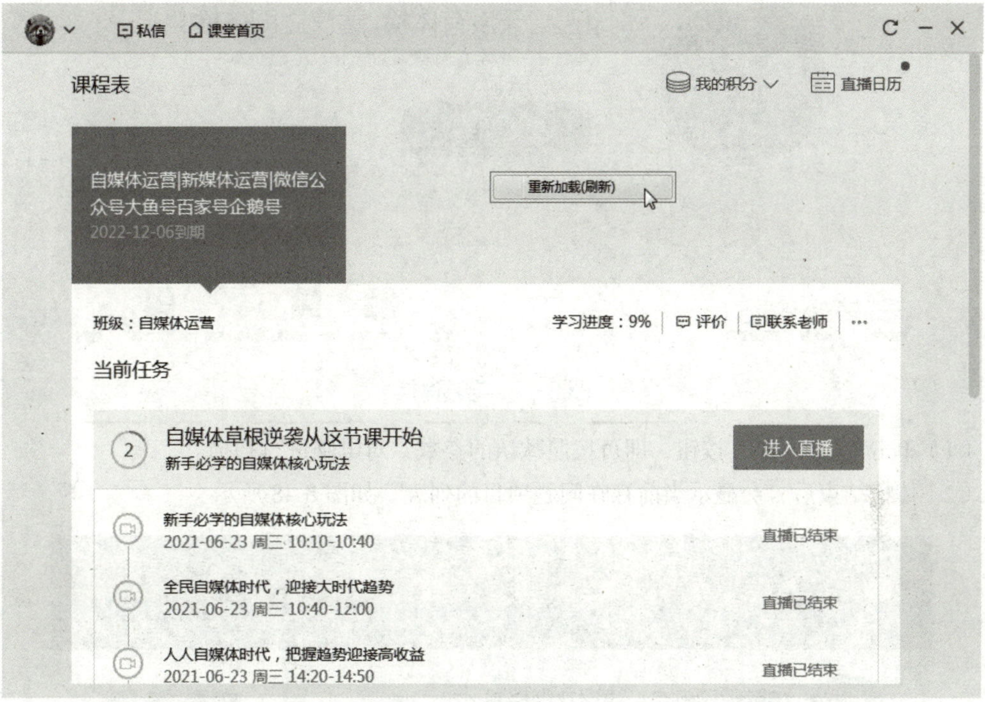

图 8-6　在客户端中刷新

实验 8-2　使用 360 安全卫士防护计算机

一、实验目的

掌握使用 360 安全卫士清理和保护计算机的方法。

二、实验示例

例 8-2 电脑体检。

电脑体检是指对计算机进行木马查杀、电脑清理、系统修复及优化加速等综合性的快速扫描处理，从而实现一键对计算机进行检查和保护的目的。默认情况下，启动 360 安全卫士后，显示的就是“电脑体检”，如图 8-7 所示。

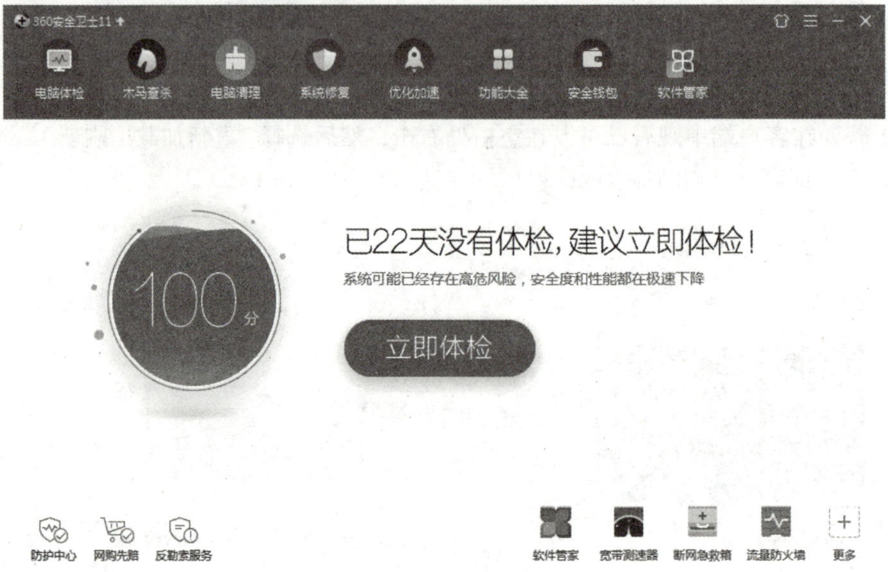

图 8-7　电脑体检

（1）单击“立即体检”按钮，即可按照默认的参数，对电脑进行扫描。

（2）体检结束后，会显示当前存在问题项目的列表，如图 8-8 所示。

图 8-8　体检过程

（3）单击“一键修复”按钮，可自动处理所有发现的问题。

（4）若要单独处理某个问题，可点击每个问题项下面的相应的处理按钮，例如，对高危漏洞，可以单击“修复”按钮进行处理；对于注册表，主要是检测是否有无效的注册表项目，单击“清理”按钮，可清除多余的无效注册表信息。

例 8-3 木马查杀。

定期进行木马查杀可以有效保护各种系统账户安全。在这里可以进行系统区域位置快速查杀、全盘查杀、按位置查杀，如图 8-9 所示。

图 8-9 安全卫士进行全盘扫描

例 8-4 电脑清理。

使用 360 安全卫士可以对计算机中的垃圾文件、使用痕迹、恶意软件及插件等进行清理，从计算机安全角度来说，主要是清理恶意软件和插件。

（1）恶意软件。恶意软件是对破坏系统正常运行的软件的统称，一般来说有如下表现形式：强行安装，无法卸载；安装以后修改主页且锁定；安装以后随时自动弹出恶意广告；自我复制代码，类似病毒一样，拖慢系统速度。

（2）插件。插件是指会随着 IE 浏览器的启动而自动执行的程序。根据插件在浏览器中的加载位置，可以分为工具条（Toolbar）、浏览器辅助（BHO）、搜索挂接（URL Search Hook）、下载 ActiveX（ACTIVEX）。

有些插件程序能够帮助用户更方便浏览互联网或调用上网辅助功能，也有部分程序被人称为广告软件（Adware）或间谍软件（Spyware）。此类恶意插件程序监视用户的上网行为，并把所记录的数据报告给插件程序的创建者，以达到投放广告、盗取游戏或银行账号密码等非法目的。

因为插件程序由不同的发行商发行，其技术水平也良莠不齐，插件程序很可能与其他运行中的程序发生冲突，从而导致页面错误、运行时间错误等现象，阻塞了正常浏览。如图 8-10 所示为清理恶评及系统插件的界面。部分功能介绍如下。

（1）全面清理。单击“全面清理”按钮，将对计算机进行垃圾文件、使用痕迹、恶意软件、插件及注册表等全面的清理处理。

（2）单项清理。将光标移至此按钮上，将显示可清理的项目列表，选择其中一项，即可实现相应的清理，如图 8-11 所示。

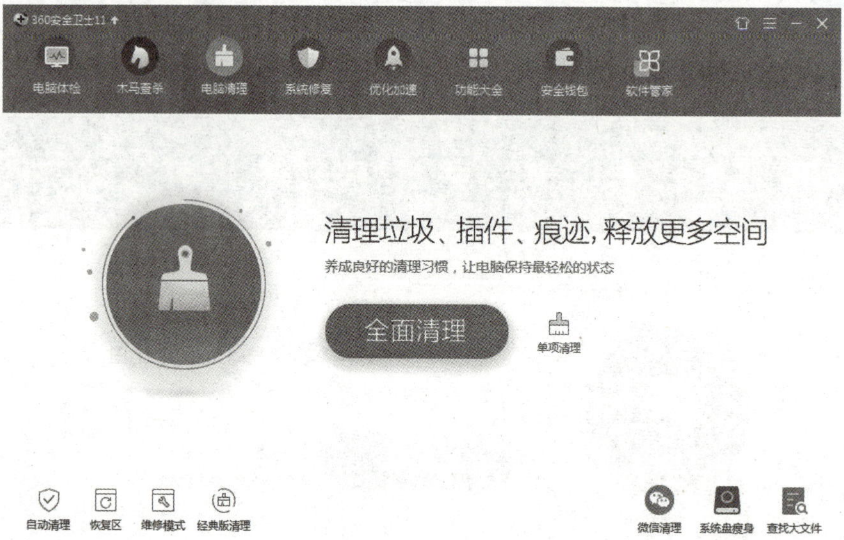

图 8-10　电脑清理

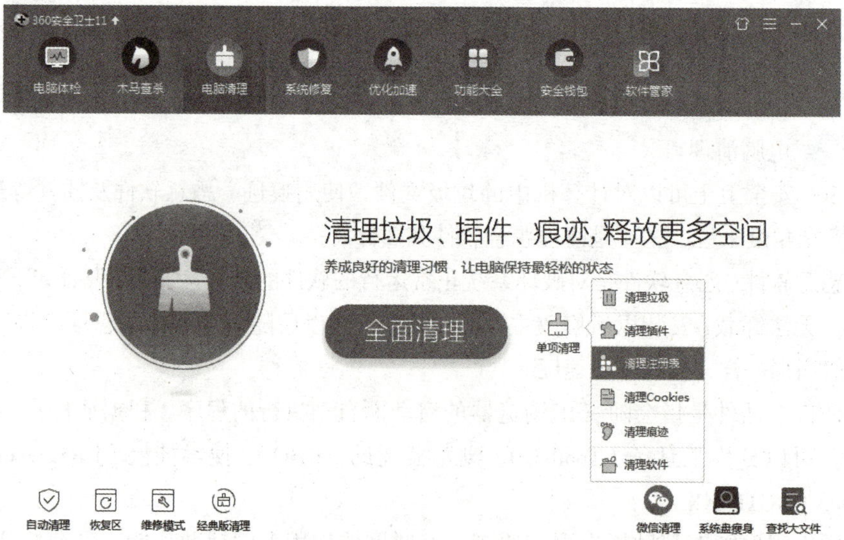

图 8-11　单项清理

例 8-5 管理应用软件。

单击 360 安全卫士主界面中的“软件管家”按钮，可以启动 360 软件管家，在其中可以安装、升级和卸载计算机软件。尤其是卸载功能，还可以检测到卸载后的残留文件，从而做进一步清理，如图 8-12 所示。

（1）卸载。单击软件后面的“卸载”按钮，即可对软件进行卸载。

（2）一键卸载。360 软件管家对部分软件支持一键卸载，即卸载的同时，自动对其残留文件进行清理。

（3）批量卸载。在软件列表中勾选要卸载的软件，然后单击右下角的“一键卸载”按钮，可以对多个软件进行批量卸载。

（4）刷新。单击此按钮，将重新扫描计算机，检查软件情况。

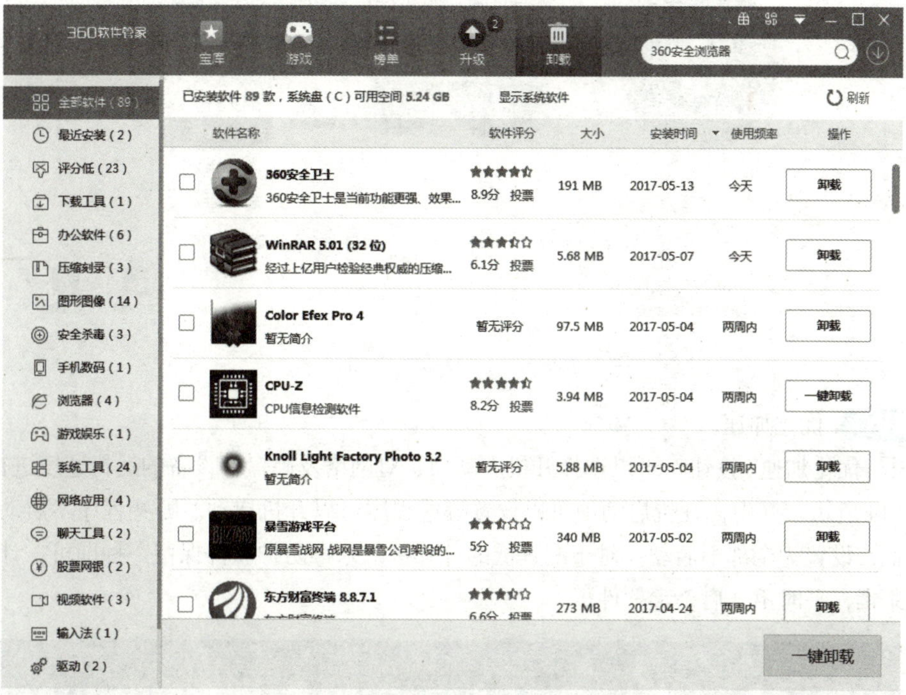

图 8-12 管理应用软件

例 8-6 系统修复。

系统修复主要包括修补系统漏洞、安装和更新系统驱动、系统异常及部分软件的问题修复等，其中，系统漏洞是最重要的修复项目。360 安全卫士为用户提供的漏洞补丁均由微软官方获取。如果系统漏洞较多则容易招致病毒，所以应及时修复漏洞，保证系统安全，如图 8-13 所示。

图 8-13 修复系统漏洞

例 8-7 优化加速。

单击“优化加速”按钮，可以选择开机启动项、对网络及硬盘等设备的运行速度进行优化，如图 8-14 所示。其中，开机启动项可以设置哪些程序可以开机启动、哪些程序不启动（计算机配置低，设置为全部不启动。对于配置低的计算机，杀毒防护软件保留一种即可，计算机可以定期杀毒，平时不开启杀毒软件）。

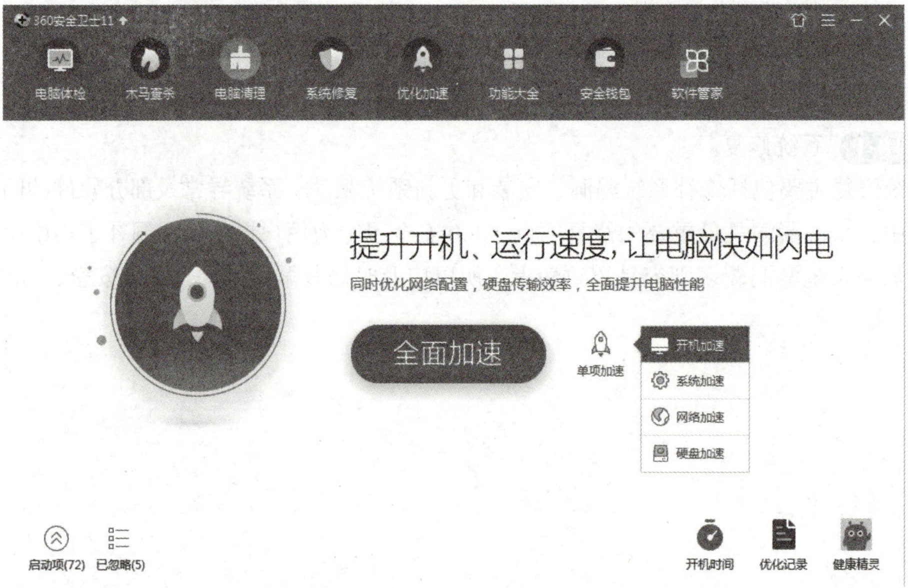

图 8-14 优化加速

实验 8-3　使用 360 杀毒软件查杀病毒

一、实验目的

掌握使用 360 杀毒软件查杀病毒的方法。

二、实验示例

例 8-8　全盘/快速查杀。

全盘查杀和快速查杀的功能基本相同，前者是针对计算机进行全面的查杀，因此速度较慢，后者则只针对关键位置进行查杀，因此速度较快。下面以快速查杀为例，讲解其操作方法。

（1）启动 360 杀毒软件，单击主界面中的“快速查杀”，即可开始查杀病毒，其中共分为系统设置、常用软件、内存活跃程序、开机启动项和系统关键位置 5 项，如图 8-15 所示。

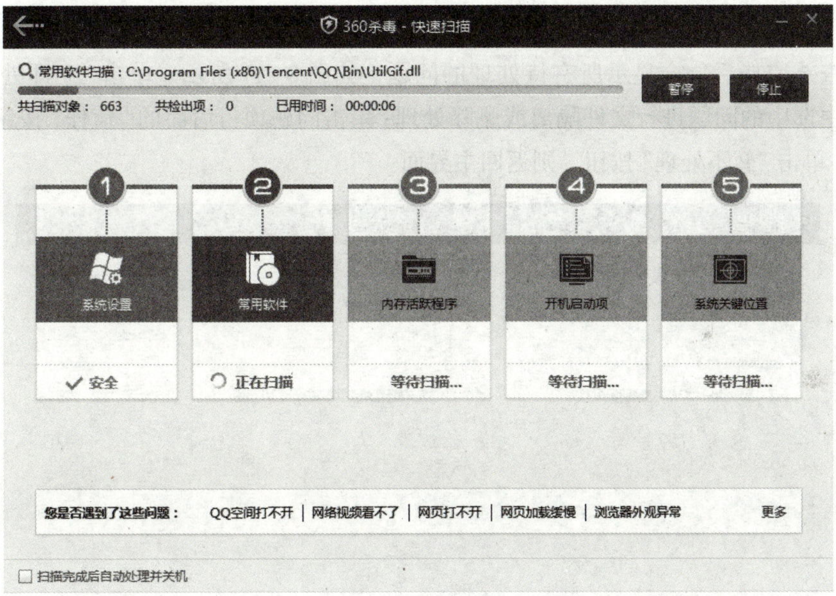

图 8-15　快速查杀

（2）在查杀过程中，若发现危险项或病毒，会在界面下方列出，如图 8-16 所示。

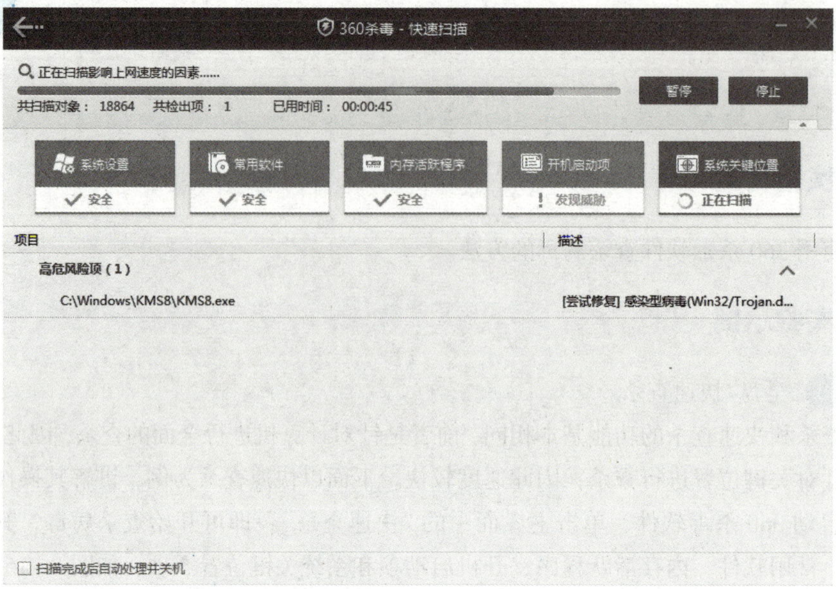

图 8-16 扫描到风险项

（3）查杀完毕后，会显示所有待处理的问题，如图 8-17 所示。单击“立即处理”按钮，将对列表中选中的问题进行文件隔离或删除处理；单击问题项目后面的“信任”按钮，将不处理该问题；单击“暂不处理”按钮，则返回主界面。

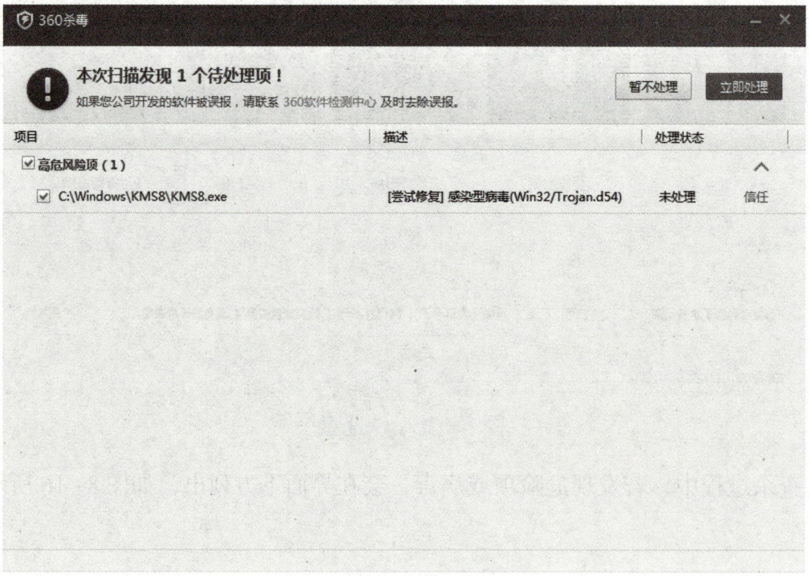

图 8-17 扫描结果

例 8-9 自定义查杀。

使用 360 杀毒软件可以对特定的位置进行查杀，其方法如下。

（1）单击 360 杀毒软件主界面下方的“自定义扫描”按钮，在弹出的对话框中可设置要扫描的位置，本例以“C:\Program Files”位置为例，如图 8-18 所示。

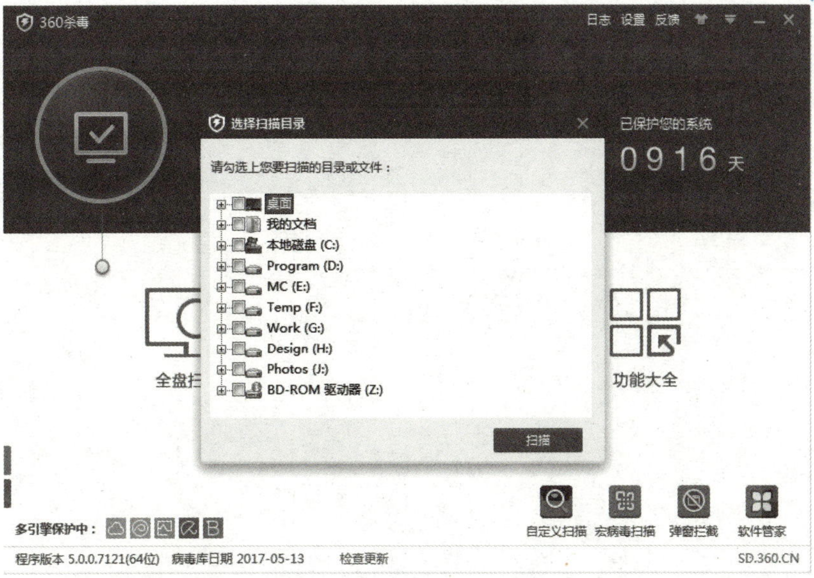

图 8-18　设置要扫描的位置

（2）单击“扫描”按钮，即可对指定位置进行扫描，然后按照前面讲解的全盘查杀和快速查杀方法对结果进行处理即可。

（3）选中扫描界面左下角的“扫描完成后自动处理并关机”选项，则发现问题时，自动进行处理，并在扫描完成后关闭计算机。

参考文献

［1］ 李珊，邵兰洁，王先水. 大学计算机基础与应用实训指导［M］. 北京：科学出版社，2016.
［2］ 李艳芹，王建强，谢国军. 计算机专业项目教学实训指导：上［M］. 北京：中国商务出版社，2018.
［3］ 唐铸文. 计算机基础学习指导与实训［M］. 6 版. 武汉：华中科技大学出版社，2017.
［4］ 李文娟. 计算机操作系统实训［M］. 北京：北京邮电大学出版社，2016.
［5］ 朱立才，黄津津，李忠慧. 大学计算机信息技术实践教程［M］. 北京：人民邮电出版社，2021.